筑境

中国精选建筑100

1 建筑思想

- 风水与建筑
- 礼制与建筑
- 象征与建筑
- 龙文化与建筑

2 建筑元素

- 屋顶
- 门
- 窗
- 脊饰
- 斗栱
- 台基
- 中国传统家具
- 建筑琉璃
- 江南包袱彩画

3 宫殿建筑

- 北京故宫
- 沈阳故宫

4 礼制建筑

- 北京天坛
- 泰山岱庙
- 闾山北镇庙
- 东山关帝庙
- 文庙建筑
- 龙母祖庙
- 解州关帝庙
- 广州南海神庙
- 徽州祠堂

5 宗教建筑

- 普陀山佛寺
- 江陵三观
- 武当山道教宫观
- 九华山寺庙建筑
- 天龙山石窟
- 云冈石窟
- 青海同仁藏传佛教寺院
- 承德外八庙
- 朔州古刹崇福寺
- 大同华严寺
- 晋阳佛寺
- 北岳恒山与悬空寺
- 晋祠
- 云南傣族寺院与佛塔
- 佛塔与塔刹
- 青海瞿昙寺
- 千山寺观
- 藏传佛塔与寺庙建筑装饰
- 泉州开元寺
- 广州光孝寺
- 五台山佛光寺
- 五台山显通寺

6 古城镇

- 中国古城
- 宋城赣州
- 古城平遥
- 凤凰古城
- 古城常熟
- 古城泉州
- 越中建筑
- 蓬莱水城
- 明代沿海抗倭城堡
- 赵家堡
- 周庄
- 鼓浪屿
- 浙西南古镇廿八都

筑境

中国精致建筑100

中国古城

中国建筑工业出版社

出版说明

中国是一个地大物博、历史悠久的文明古国。自历史的脚步迈入新世纪大门以来，她越来越成为世人瞩目的焦点，正不断向世人绽放她历史上曾具有的魅力和光辉异彩。当代中国的经济腾飞、古代中国的文化瑰宝，都已成了世人热衷研究和深入了解的课题。

作为国家级科技出版单位——中国建筑工业出版社60年来始终以弘扬和传承中华民族优秀的建筑文化，推动和传播中国建筑技术进步与发展，向世界介绍和展示中国从古至今的建设成就为己任，并用行动践行着“弘扬中华文化，增强中华文化国际影响力”的使命。从20世纪80年代开始，中国建筑工业出版社就非常重视与海内外同仁进行建筑文化交流与合作，并策划、组织编撰、出版了一系列反映我中华传统建筑风貌的学术画册和学术著作，并在海内外产生了重大影响。

“中国精致建筑100”是中国建筑工业出版社与台湾锦绣出版事业股份有限公司策划，由中国建筑工业出版社组织国内百余位专家学者和摄影专家不惮繁杂，对遍布全国有历史意义的、有代表性的传统建筑进行认真考察和潜心研究，并按建筑思想、建筑元素、宫殿建筑、礼制建筑、宗教建筑、古城镇、古村落、民居建筑、陵墓建筑、园林建筑、书院与会馆等建筑专题与类别，历经数年系统科学地梳理、编撰而成。本套图书按专题分册，就其历史背景、建筑风格、建筑特征、建筑文化，结合精美图照和线图撰写。全套100册、文约200万字、图照6000余幅。

这套图书内容精练、文字通俗、图文并茂、设计考究，是适合海内外读者轻松阅读、便于携带的专业与文化并蓄的普及性读物。目的是让更多的热爱中华文化的人，更全面地欣赏和认识中国传统建筑特有的丰姿、独特的设计手法、精湛的建造技艺，及其绝妙的细部处理，并为世界建筑界记录下可资回味的建筑文化遗产，为海内外读者打开一扇建筑知识和艺术的大门。

这套图书将以中、英文两种文版推出，可供广大中外古建筑之研究者、爱好者、旅游者阅读和珍藏。

目录

中国古城

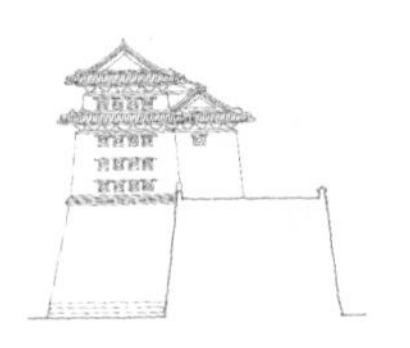

“城”字有双重含义，既指城墙又代表城市。

自古以来，中国的城市与城墙就是不可分的，不论是都城，还是各地的府、州、县城，均无例外地为城墙所环绕。“城郭”二字，就是由甲骨文的“⌖”字演变而来的。它形象地表明，城市是由带有门楼的墙垣围合而成。实际上，中国的很多古城都拥有不止一道墙垣，而是筑有两重或是三重城墙。一般把内城称为“城”，外城叫作“郭”。这样一道道、一重重的城墙便构成了聚居地最为基本的特征，高高的城墙和城楼也就成了中国式城市的独特人文景观。中国人甚至还修建了围绕国境的城墙——万里长城，而这一举世罕见的伟大工程，更成了中华民族的象征。

这些环绕城市的城墙，不仅在防御外来入侵方面起着十分重要的作用，同时也迎合了中国传统社会结构的内向性和封闭性。所以在古代，人们对于修筑城墙一直是寄予厚望，并怀有极大的热情，以至于最终将其升华成为一种民间信仰，也就是普遍存在于中国城市中的对城隍神的祭祀。于是在中国的城市中，便都建有城隍庙，以期城隍神能够在冥冥之中保护城池的安全。

图0-1 “弼成五服图”及“侯甸男采图”

《铁定书经图说》中的“弼成五服图”及“侯甸男采图”表示了以帝都和王畿为中心，层层向外拓展的理想中的疆域概念。

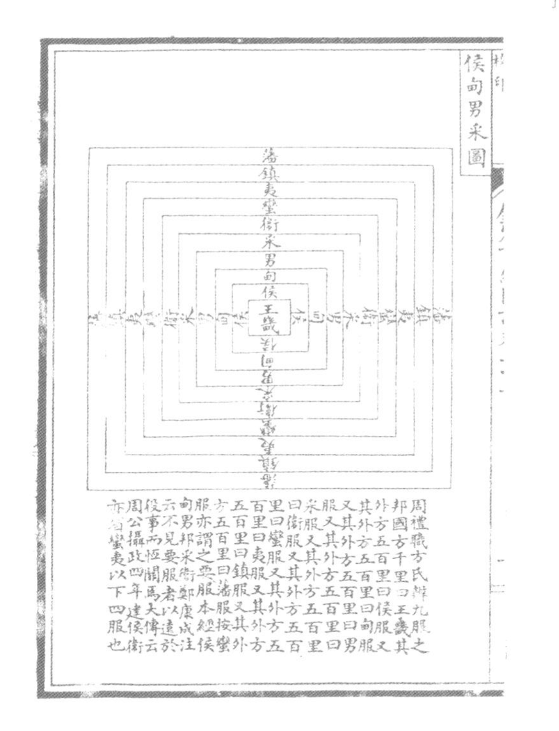

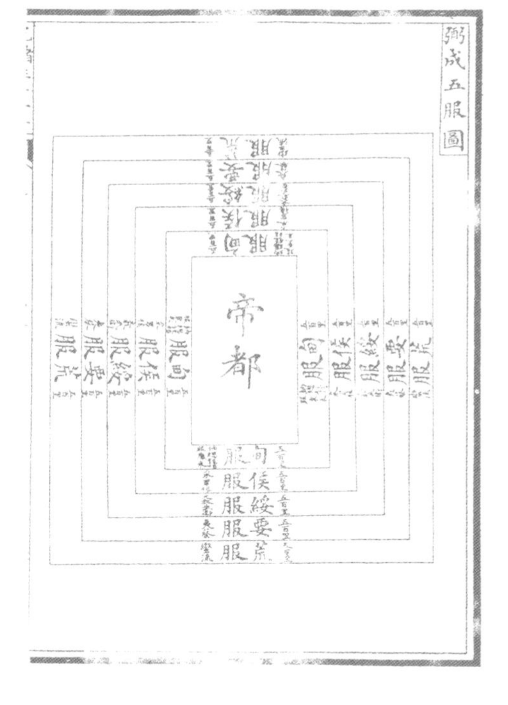

中国古代城市的设置，除了军事防御目的之外，主要是出于政治统治的需要。许多城都是先修筑了城墙，而后才形成街市的。筑城的目的是为了设治和容纳臣民，所以《说文解字》中才有“城以盛民也”的解释。这与欧洲中古时期的城堡和日本式的城有着很大的差别。欧洲的古城，大多是出于商业和军事上的原因建造的，许多城市都是在形成了市街之后，才开始修筑城墙。而日本的城。不过是统治者的堡垒要塞，平民百姓不能居住在城内，故平民聚居的街市被称作“城下町”。此外，城市中心的内容也不尽相同，中国式城的中心地段多设置钟鼓楼和衙署，而在欧洲却是广场、市场和教堂，日本城中的最高建筑天守阁则只是城主自己的住宅。

图0-2 四川成都市郊出土的汉代“市井”画像砖

该画像砖所表现的市井，平面呈方形，四周有墙垣围绕，三面开门，每门三开间。市中置有市楼，上悬一鼓，楼下正中开门。市内四条通道将市分成四个部分，各部分列肆以供进行商品交易。较全面地反映了汉代市场的面貌。

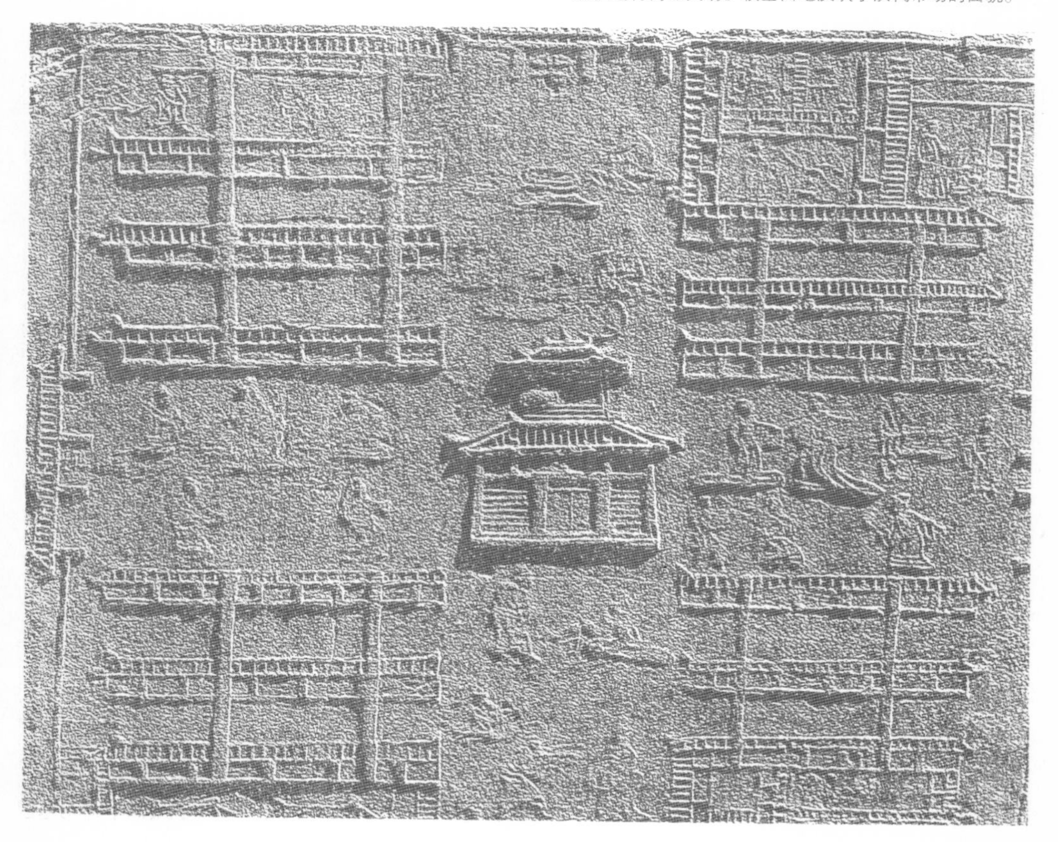

中国古代城市的规划建设在世界上可说是独树一帜。早在三千多年前的周代，中国就已经形成了一套较为完整的城邑建设制度，《周礼》中所记载的“建国制度”和“营国制度”，即是这种城市规划建设思想的总结。它既是世界城市规划学史上最早形成的理论体系之一，也是影响最为久远的体系之一。在这一理论体系的影响之下，经过后世的不断发展和完善，逐渐形成了一套与国家政治体制相一致的城镇体系和规划建设制度，并相继出现了秦咸阳、汉长安等规模宏大的都城，以及隋唐长安、北宋汴梁等人口超过百万的大城市，其规划和建设在当时均达到了世界最高水平。而在元大都基础上修建起来的明清北京城，更是举世闻名的杰作，在世界城市发展史上占有非常重要的位置。

秦市印

汉市印

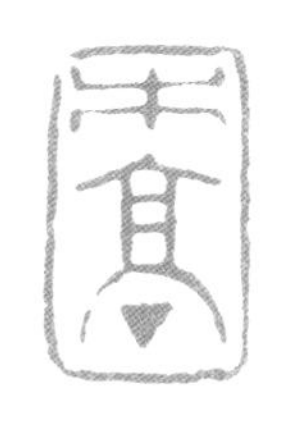

汉市亭印

图0-3 秦市印、汉市印、汉市亭印/左上图
将市置于官府控制之下，是中国古代传统商业的特点。秦汉时，县以上的城中才能设市，市中有市官对市进行管理。秦汉市印即是当时的市官所配之印。

图0-4 高昌故城（覃力 摄）/右上图
高昌故城位于新疆维吾尔自治区吐鲁番县城以西。该城肇始于汉魏时期，历高昌郡治，高昌国都，高昌县治等几个阶段，前后1400余年，至元末明初时荒废。平面方形，现仅存夯土残垣。

图0-5 江苏苏州盘门（张振光 摄）/右下图
苏州的盘门始建于春秋战国，现存的城门为元至正十一年（1351年）重建，有水陆两门，附带瓮城。水门上安有上下启动的千斤闸门两道，平时船只由券门出入，关闸时则将水道封闭。

在汉文化圈中，中国式城的影响也很大，朝鲜、韩国和越南等国家，都建有很多中国式的城，日本的平成京（奈良）和平安京（京都）等都城，也是借鉴中国的建城经验，仿效中国而建造的，传统的城市建设思想甚至还影响到了中亚的一些地区，规划设计方法远播域外。

时至今日，中国古代在城市规划和城市建设方面所取得的成就，已举世公认，其规划布局上所特有的传统风格亦广为世人所称颂。当今的一些城市规划理论，也从中汲取了不少的精华。纵观整个世界，除了中国之外，还没有哪个国家的城市规划设计思想，能够连绵不断地延展得如此广阔和深远，也没有哪个国家的城市像中国那样，是在有组织的营建制度控制之下，形成了一个完整的遍布全国的城市网络。难怪许多西方人士都对中国的城赞叹不已！

图0-6 甘肃嘉峪关关城（曹扬 摄）/上图
嘉峪关是万里长城西端的终点，建于明洪武五年（1372年）关城雄踞河西，两侧城墙横穿戈壁，形势险要自古为军事要地。关城是梯形，周长733米，面积33500平方米，城墙通高11.7米。

图0-7 甘肃嘉峪关关城城楼（曹扬 摄）/下图
嘉峪关东西两面开门，筑有瓮城，城楼五开间三层周围廊，高17米。城四隅设角楼，南北墙垣的中部建有敌楼。据传当年建城时算料十分精确，关城竣工时仅剩一块砖。此砖今存西瓮城门楼后檐台基之上。

一、城池建设的发展历程

中国的城产生于奴隶社会初期，传说源于三皇五帝之都，实则初形于夏，成形于商，兴起于周。

从有关的文献记载来看，最早的城是鲧城和禹都。《吕氏春秋·君守》中记有“夏鲧作城”，《吴越春秋》更说“鲧筑城以卫君，造郭以守民，此城郭之始也。”近年来，随着考古发掘的印证，有人认为河南登封的王城岗夏城遗址，即是传说中的禹都阳城。

商代的城已初具城市的基本特征，《诗经·商颂》称：“商邑翼翼，四方之极，赫赫厥声，濯濯厥灵。”形容商都的建设十分壮丽。从现已发掘的郑州商城遗址（公元前16世纪）来看，当时城市的中心建筑、商业手工业区、居住区和防御设施等都已形成并发展起来，其夯土城垣的周长竟达6960米，面积比后世的郑州县城要大三分之一。

西周是奴隶社会的鼎盛时期，其时为了配合封侯建国的政治需要，出现了大规模的营城建邑的活动。当时称作“国”的，实际上只是城邦。即以城为中心，治野建邑，构成“城邦国家”，几座城邑连同周围的乡野便组成一“国”，故筑城就意味着建国。在这种情况下，周人便在总结前代建城经验的基础上，制定了一套城邑建设制度，也就是《周礼·考工记》中所记载的“建国制度”和“营国制度”。这一制度不但规定了与宗法政体相适应的筑城等级规模，而且还建立了源于井田制的

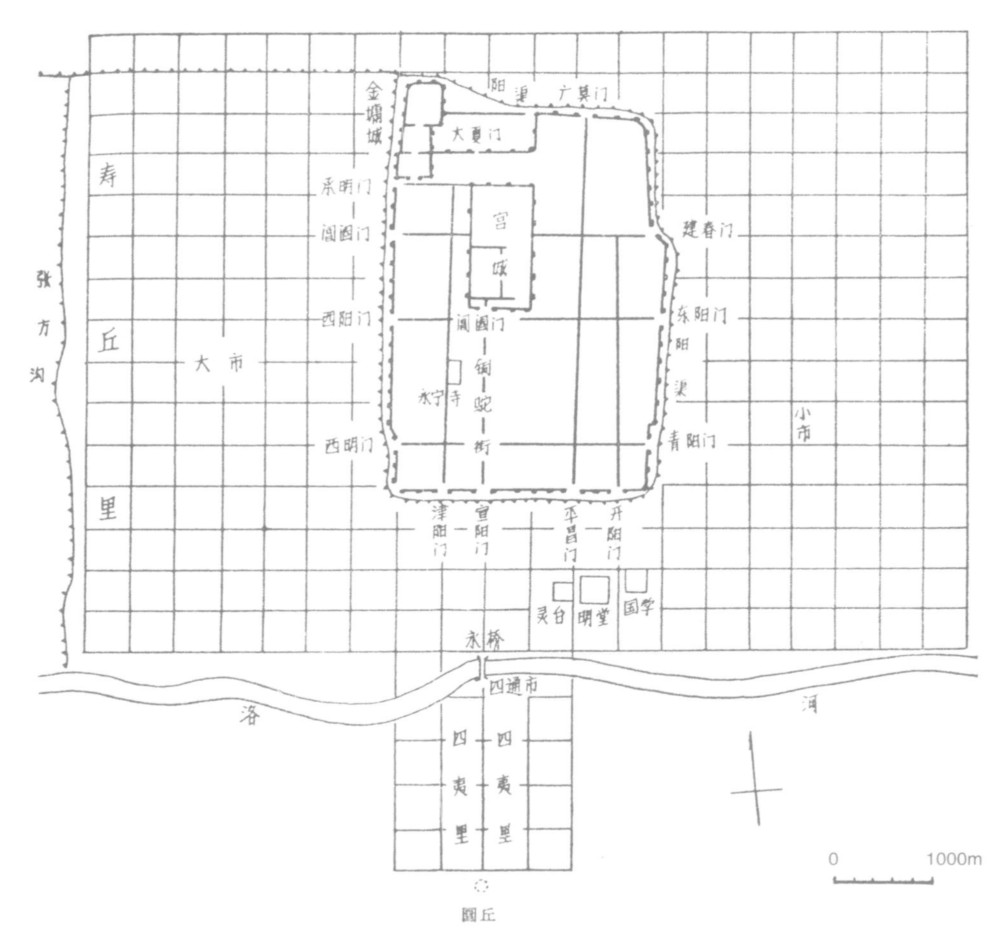

图1-1 北魏洛阳城平面图

北魏洛阳城分为宫城、内城和外郭三个组成部门。宫城居中偏北，正面以铜驼街为轴线，左建宗庙，右立大社，采用经纬涂制划分里坊，设有里坊320个，外郭周回70里，规模空前。有诗赞其“洛阳佳丽所，大道荡春光”。

经纬道路形制和严整的礼制规划结构秩序。

但是，到了春秋战国，由于生产力的发展和诸侯势力的不断增强，城市的形制和规模就不再受到“建国制度”和“营国制度”的局限，出现了以政治和军事职能为主体，兼具一定经济职能规模较大的城市。战国时，燕下都的城垣周长已达24公里，齐国临淄城内的居民计有7万户，人口超过了30万。其他诸如赵国的邯郸、楚国的纪南、魏国的大梁、秦国的咸阳以及宋国的陶等也都是当时的政治经济中心城市。

图1-2 日本的平安京平面图
平安京建于794年，桓武天皇将国都由长岗迁至于此。该城的规划，完全仿照中国唐朝的都城长安建造，采用棋盘式路网格局和南北中轴线，与大多数的日本城市迥然不同。

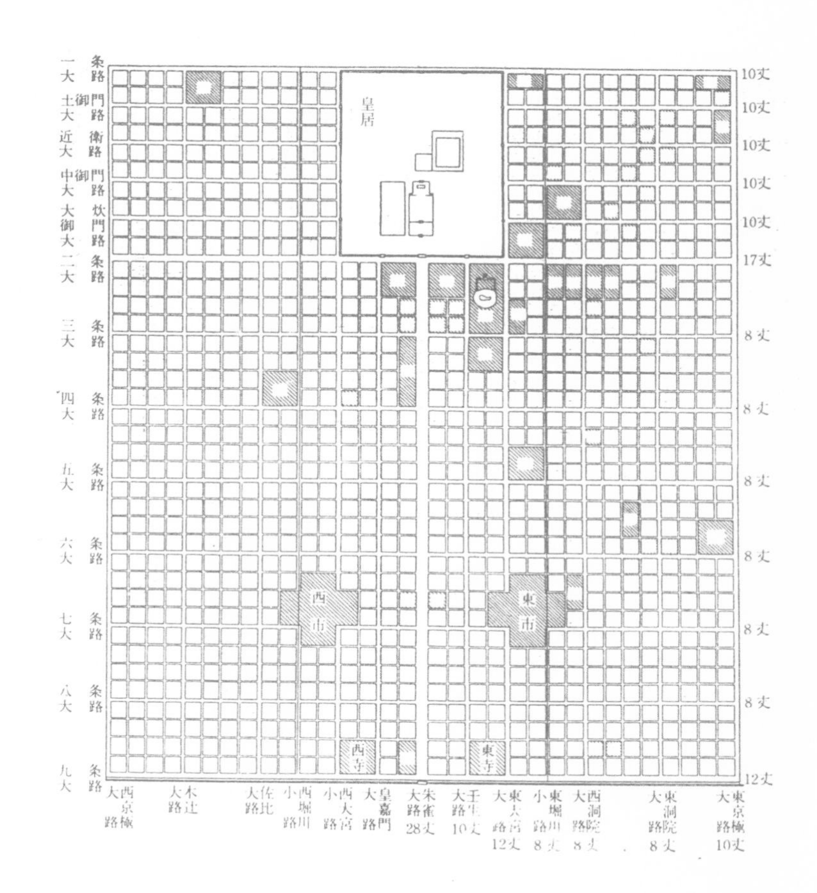

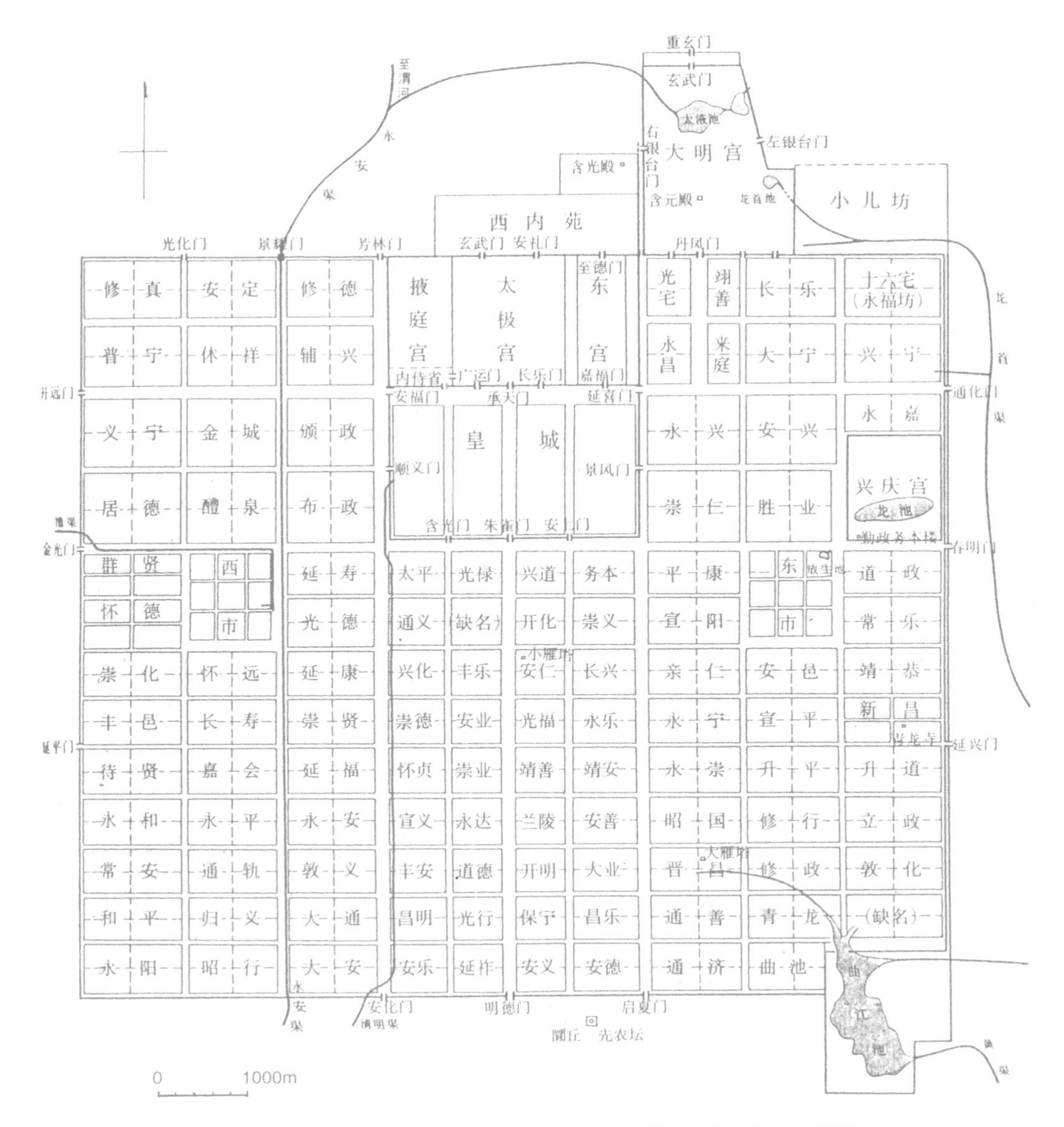

图1-3 隋唐长安城平面图

长安城建于582年，呈长方形，周长36公里，采用“市、坊制”和中轴线对称式布局。城中共有南北大街11条，东西大街14条，25条街将全城划分成108个里坊和东西个市。宫城居中位于城北，南面皇城内建太庙、社稷和官署。

秦灭六国之后，以郡县制代替分封制，用行政手段强化中央集权统治，改变了以往宗法分封的筑城原则，开始从行政统治的需要，去考虑城池的建置。汉因秦制，继承了春秋战国以来的筑城经验，加强了地方性中心城市的建设。汉高祖刘邦在建立汉政权不久，便诏“令天下县邑城”（《汉书·高帝纪》），以构成有利于行政统治的遍布全国的城市网络。根据文献统计，到东汉时全国计有县以上城池1076座。汉代筑城还十分重视都城和宫室的建制布局，强调地形环境的运用，并附会与天相应，希望城市的结构形态能够契合天象，与天同构。所以汉长安城，不但形制作星斗状，而且城中宫室的名称亦征天象。

尽管自汉武帝始，儒家思想便居于统领地位，开始提倡礼制，但是直至北魏孝文帝托古改制之后，城池的规划建设才开始为礼制思想所左右。北魏洛阳城的营建，便是以《周礼·考工记》中王城营建制度的精神为蓝本，成功地使礼制思想与实际相结合，并为此后适应封建统治需要的城市规划体制的形成奠定了基础。而继此之后兴建的隋唐长安城，则是我国封建社会前期城市规划建设的典范。

图1-4 宋汴梁城平面图/对面页
汴梁城呈不规则方形，四水贯都三重城池。内城为皇城，开四门，周围9里有余。第二重为里城，又称阙城，开10门，周围20里。外城又称罗城，有水旱城门20座，周围50余里。汴梁在当时既是政治中心，又是“华夷辐辏，水路会通”的商业都会。

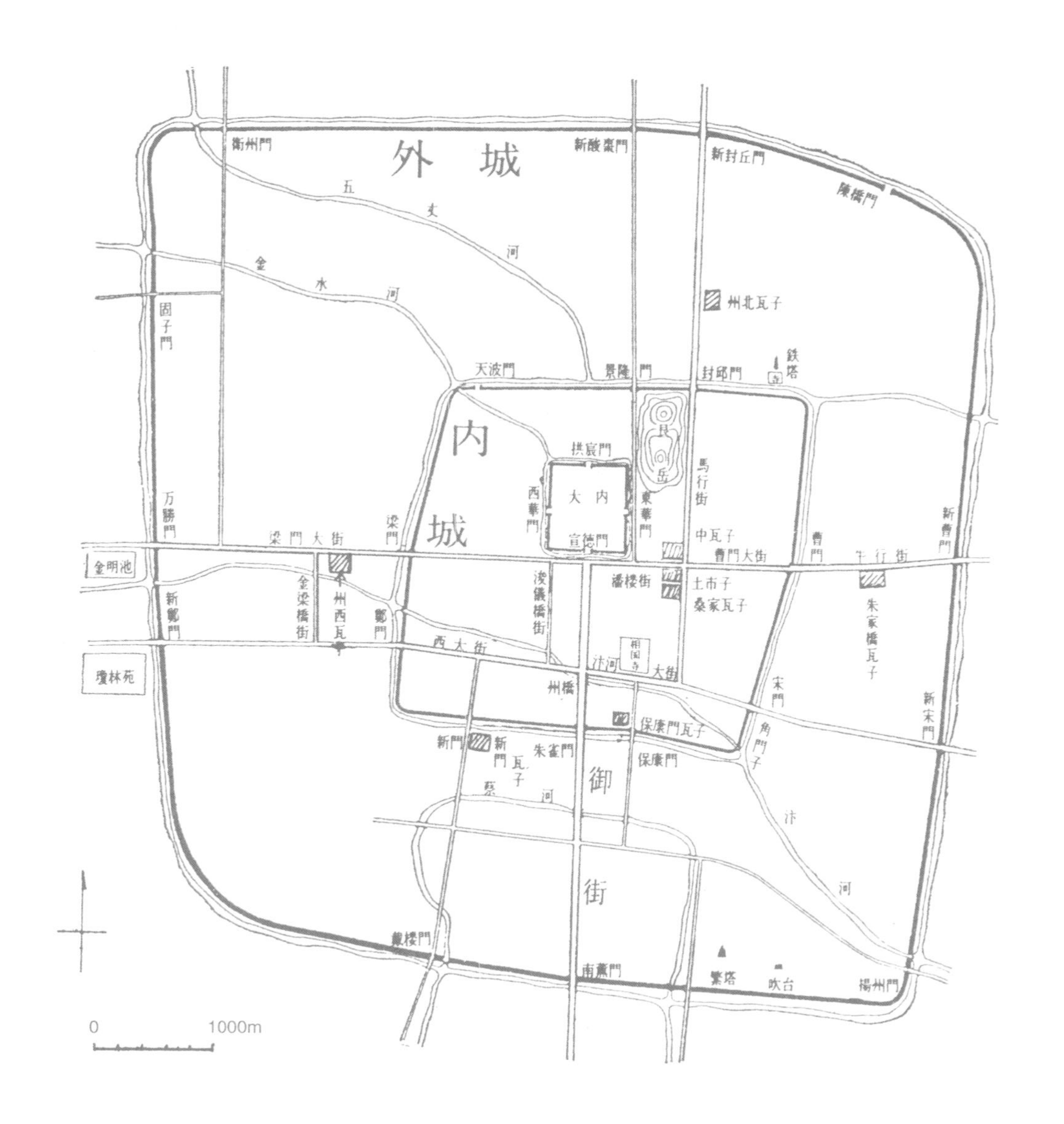

外城
内城
衛州門
新酸棗門
新封丘門
陳橋門
五丈河
金水河
州北瓦子
固子門
天波門
景隆門
封邱門
鉄塔
拱宸門
大内
西華門
東華門
宣徳門
馬行街
万勝門
梁門大街
梁門
中瓦子
曹門大街
曹門
牛行街
新曹門
金明池
潘楼街
土市子
桑家瓦子
朱家橋瓦子
新鄭門
金梁橋街
州西瓦
鄭門
浚儀橋街
西大街
汴河大街
州橋
瓊林苑
宋門
新宋門
保康門瓦子
角門子
新門
新門瓦子
朱雀門
保康門
御街
蔡河
汴河
戴楼門
南薫門
繁塔
吹台
揚州門
0
1000m

隋唐长安城，承袭了北魏洛阳之制，采用“市坊制”和中轴对称式布局，首创皇城制度，集中设置太庙、社稷和衙署，并利用经纬路网所形成的里坊系统，协调城市各个部分之间的关系。城垣周长37.7公里，总面积达84平方公里，规模宏大，蔚为壮观。它不但在规划建设方面取得了很高的成就，而且也是当时世界上最大的城市和影响深远的帝都。

隋唐时期，城市间的等级差别逐渐增大，形成了与行政体制相一致的由都城、道驻所城、府州驻所城和县城组成的较为完整的城市系统。出现了长安、建康、洛阳等人口超过百万的特大城市，同时还形成了一批与行政治所相应的区域性中心城市。如扬州（广陵）、广州（番禺）、成都（益州）、宋州（商丘）等，行政体制开始与经济因素和城市建置有机地结合起来，城市的经济职能有所发展，城市面貌更加繁荣。

图1-5 辽宁兴城瓮城
（覃力 摄）
辽宁兴城即明清时的宁远卫城，建于明宣德五年（1430年）。明末大将袁崇焕曾据此屡败清兵。城呈方形，南北长825.5米，东西宽803.7米，城墙高10米，鼓楼居中，四面各开一门，是非常典型的北方县城。

图1-6 山西平遥城墙（章力 摄）

山西平遥的城墙建于明洪武三年（1370年），周长6.4公里，是我国目前保存较为完整的一座城池。平遥城近于方形，城墙高12米，夯土包砌砖石，马面突出上建台楼。

图1-7 山西平遥东门瓮城（章力 摄）

山西平遥城的各个城门均建有瓮城，东门的瓮城规模最大，瓮城呈方形，南侧开门，与朝东设门的东门成90°，以利于防守。

随着商品经济的不断发展，至宋元时期，城市建设在空间结构方面发生了重大变化。传统的“市坊制”开始瓦解，代之而起的是临街设店和按街巷组织聚居。这就使得过去那种高垣耸峙的城市面貌大为改观，出现了店铺林立、酒肆、茶楼鳞次栉比、繁华热闹的商业街景。这种城市结构布局的调整，冲破了传统规划体制的桎梏，坊巷相对开放，城市的经济职能也得到了进一步的加强，对于城市建设的发展，也起到了承前启后的作用。

明代是我国城市建设的又一个高潮，现在遗存下来的古城即多修筑于明代。当时出于军事目的，除了注重修筑各地的城池以外，还重修了长城，加筑关塞，并在沿海地区建造了大量的卫城，建立起全国性的防卫体系。另一方面，随着城市工商业的兴旺发达，地方中小城镇大量兴起，城市网络体系更加趋于完善。到清代，城市的经济作用愈益突出，许多过去以

图1-8 江苏南京城中山门（俞绳方 摄）

南京城是在晋及六朝时期的建康路基础上兴建的，现存的旧城垣建于明洪武年间，城周66里，随地形变化呈不规则形。筑城所有的砖石材料，均系长江两岸各府县按照统一规格制成，城砖上印有监造人姓名。

政治职能为主的城市，已逐渐衍变成为政治、经济职能并重的城市，而一些商业、手工业市镇还进一步发展成为全国性的经济中心城市。如当时闻名全国的四大名镇的经济地位，即不在府州城甚或省城之下。而京师北京城既是全国的政治中心，同时又是“五方辐辏，万国灌输”、“华区锦市，百货云集”的商业中心和文化中心。其规划建设，更继承和发扬了古代筑城的优秀传统，在体现礼制精神的同时，注重城市的经济发展，是我国最为宏伟壮丽的一座历史文化名城。

二、职能功用的多样演变

《礼记・礼运》中说："城郭沟池以为固。"《墨子・七患》中亦云："城者所以自守也。"这就是说，城池有着明显的防御功效。正是由于城池可以有效地抵御外来入侵，所以中国历代的城市，才不计工本地一次次修筑城墙和护城河，把城池作为统治据点严加设防，并在全国修建大量的军事性城镇和关城要塞，形成遍布全国的独特的城市防御体系。

"筑城以卫君"（《吴越春秋》）可说是城池建设的主要目的，但是随着政治和经济因素的渗入，城市的职能便起了变化，朝着兼具多种功用的方向发展。

自周代"封疆建国"的宗法政体确立之后，城邑的设置和建设，便开始为政治服务。在当时，城邑连同周围的乡野即构成国家，建城就意味着建国，城邑建置取决于宗法政治的需要。城是维系国家统治的象征，王城是全国的政治中心，诸侯的城邑则是各个地方的政治中心，城与城之间的关系也以氏族统治为特征。《诗经・大雅》中所讲的"大邦维屏，大宗维翰，怀德维宁，宗子维城"，正是这种建国方略的写照，而《周礼》中的"建国制度"，也是从政治角度去论述城邑的建设。

秦汉以后，建立了中央集权的封建统治，改分封制为郡县制，变诸侯们的城邑为行政治所，开始从行政统治的需要去考虑城市的建置，并从此确立了中国城市体系偏重于行政联系的上、下级关系。这种以政治职能为主的城

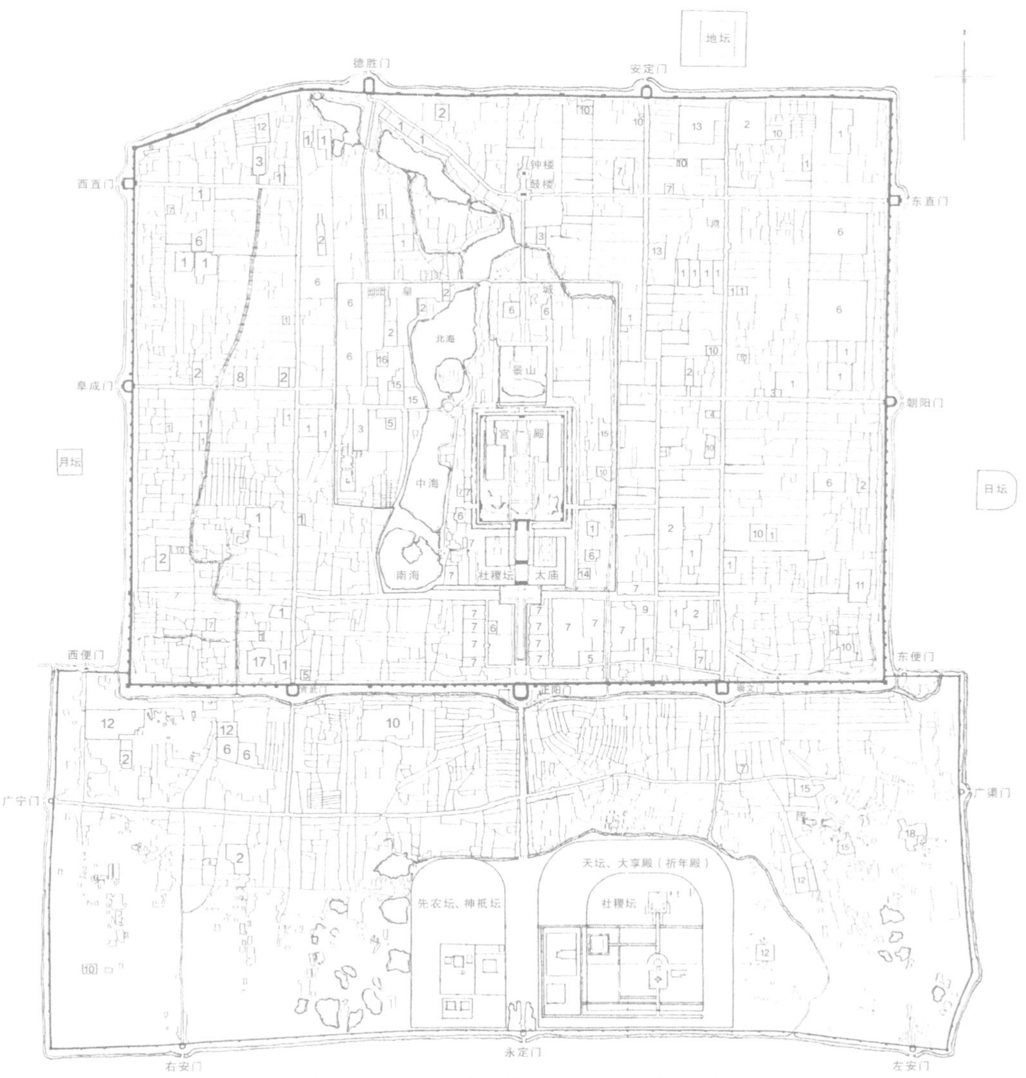

1.亲王府；2.佛寺；3.道观；4.清真寺；5.天主教堂；6.仓库；
7.衙署；8.历代帝王庙；9.满洲堂子；10.官手工业局及作坊；
11.贡院；12.八旗营房；13.文庙、学校；14.皇史宬（档案库）；
15.马圈；16.牛圈；17.驯象所；18.义地、养育堂

图2-1 明清北京城平面图

明清北京城是以徐达改建的元大都为基础修建的，后来由于人口的增加，嘉靖年间在南面又加筑了外城。整个城市以皇城为中心，采用了中轴线对称布局，皇城前左建太庙，右立社稷，城四周设有天、地、日、月四坛。是中国古代城市规划建设方面的集大成者。

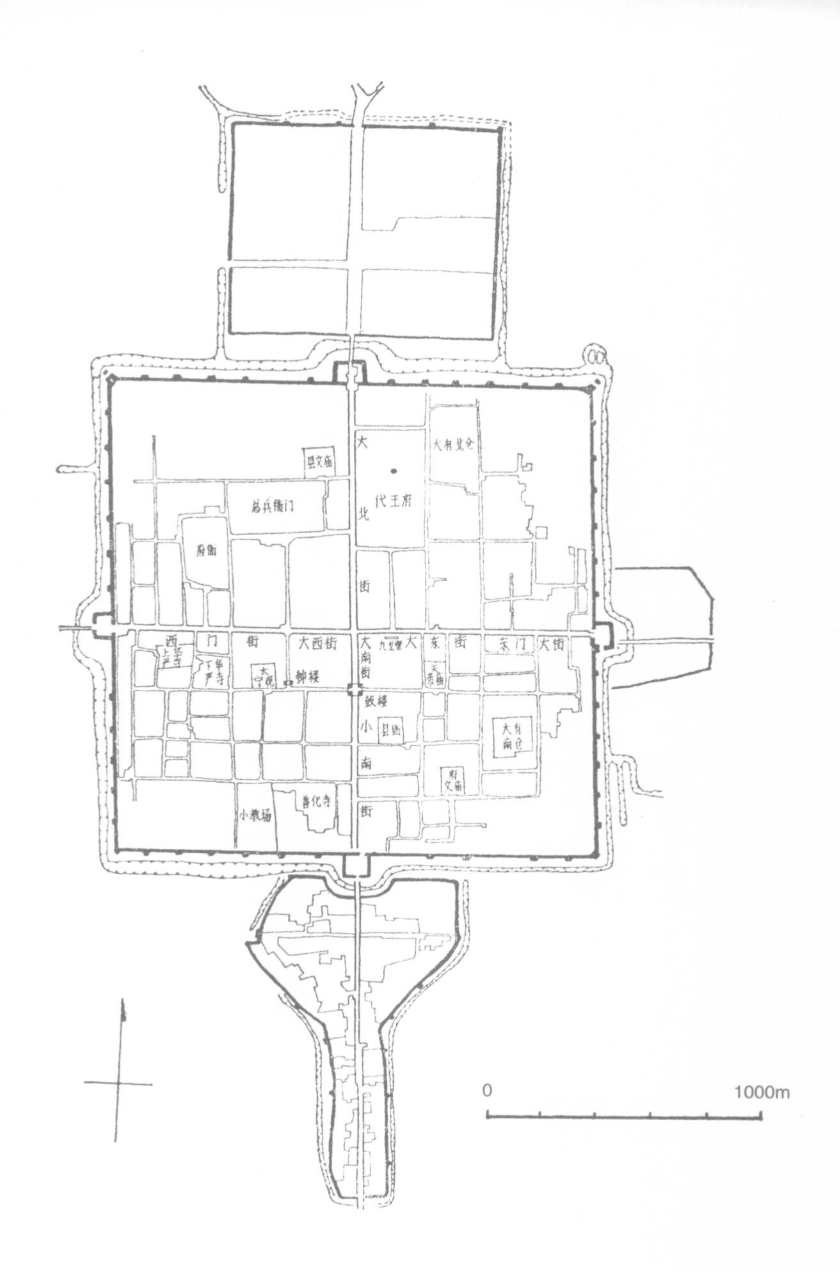

图2-2 大同城平面图

山西大同地处雁北地区，现城墙为明洪武五年（1372年）修建。城初为正方形，周回12.6里，东西南北各开一门，通过城门的道路形成十字形干道骨架，中心区设有钟楼和鼓楼。

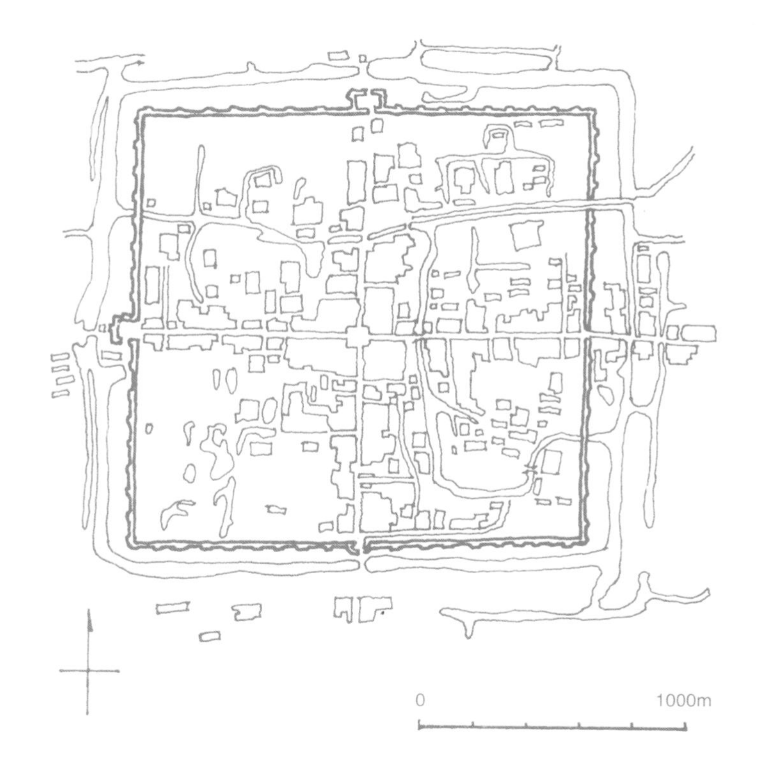

图2-3 南汇城平面图/上图

南汇城筑于明洪武九年（1376年），平面正方形，东西南北各850米，城外挖有护城河，开四门，街道呈十字形，是一座典型的县城。

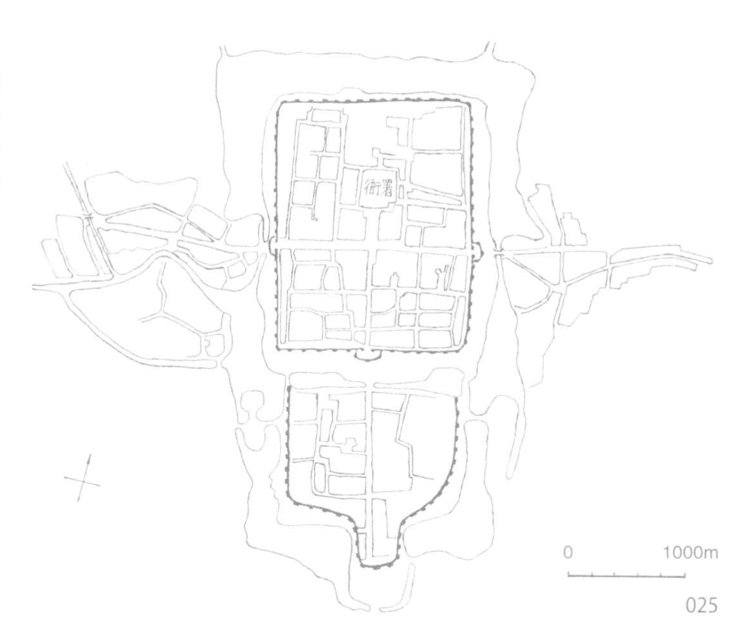

图2-4 南通城平面图/下图

南通城呈长方形，周回6里70步，原为土城，明代时加砖包砌。城东西南三面开门，主要街道呈丁字形，中心偏北处为衙署。明中叶以后，又在南城外建了外城，被称作新城。

市类型，一直延续到以后几千年的城市发展之中，成为中国城市区别于其他国家城市的最为显著的特征之一。尽管此后商品经济有了很大的发展，出现了许多兼具经济职能的工商业和港口城市，但是城市的主要职能仍然保持了侧重政治的传统。只要是政治需要，便可以设治筑城，甚至还常常出于政治目的，移动城址，迁徙居民。而都城更成了政权统治的象征。

图2-5 安阳城

河南安阳旧称“归德府”，城始建于北魏天兴元年（398年），明洪武时改筑。现城周长5760米，呈方形。每面开城门两个，各城门之上均建城楼，城墙四角建有角楼。是一座较为典型的府州城。

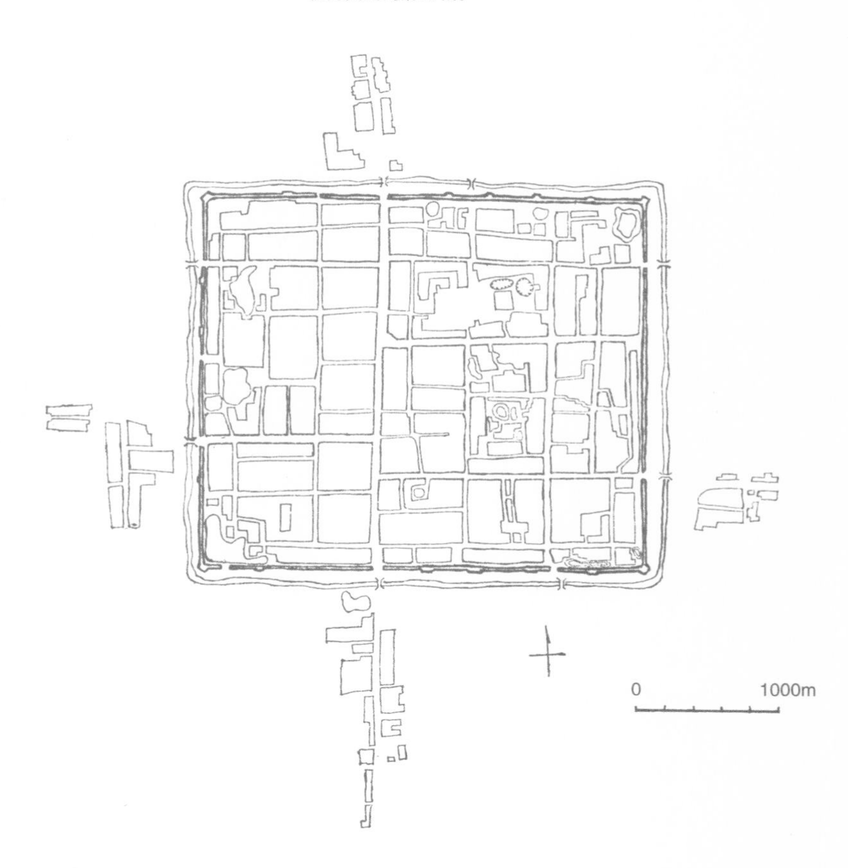

图2-6 河北山海关（张振光 摄）/上图

山海关是明代万里长城东面的起点，明洪武十四年（1381年）徐达在此建关设卫，关城方形，东门即“天下第一关”，南北连接长城，是万里长城东部的重要关隘。

图2-7 山海关城楼（张振光 摄）/下图

山海关的东门因城楼额题“天下第一关”而闻名。城楼两层高13米，宽20米，歇山顶。正面上层三间做木隔扇，下层仅开一门，其余三面均用砖包砌，开箭窗68个，箭窗平时用朱红色的窗板掩盖，板上绘有白环，中有黑色靶心。

图2-8 山西张壁古堡堡门（覃力 摄）/上图

张壁古堡在介休城以东，建于山顶之上。古堡围有夯土墙垣，堡门包砌砖石，重门三道曲折迂回有如瓮城，门洞之上建有空王庙等建筑，十分壮观。

图2-9 陕西西安城楼（张振光 摄）/下图

现存的西安旧城建于明初，是中国古代城墙保存最完整、规模最大、年代最久的一座防御体系。旧城有内外两重，外城周长13.7公里，占地面积11.5平方公里。城墙系版筑夯土，外包砖，建有众多墩台、敌楼、角楼等防御工事。

图2-10 苏州盘门水门门洞（俞绳方 摄）
盘门的水门为砖砌拱券，跨河而建与陆路的城门连成一体，可有效地限制船只进出苏州城，是苏州城重要关口之一。

这种传统的以政治和军事职能为主的城市，在封建社会后期商品经济迅速发展的冲击下，逐步形成了政治、军事和经济并重的城市。但是宋元以来工商业发达的城市，仍多是府、州、县各级地方政权的治所。实际上，直到明清，中国才出现了一些非行政中心的工商业城镇。如河南的朱仙镇、江西的景德镇、湖广的汉口镇和广东的佛山镇等所谓的四大名镇。而原先一些出于军事目的建造的城池，在政治和经济因素的影响之下，亦发生了很大的变化。例如，明朝为了防御倭寇侵扰，沿海兴建了卫、所等城181座。至清代时，这些军事城镇大部分都发展成为府、州、县城和地区性的经济中心，像沈阳中卫（沈阳）、金州卫（金州）、山海卫（山海关）、天津卫（天津）、威海卫（威海）等就是较为典型的事例。

总之，中国城市的发展受政治的影响最大，军事防御次之，商业和交通等需要则多居于从属地位。大多数中国的城，从一开始就是不同等级、不同范围的政治中心，选址首先就着眼于有利于权力的实施和巩固，其规模也大体取决于它在政治体系中所处的位置和重要程度。如果一个地方被选择为行政治所，就可以马上筑城，即使被战争所毁，出于政治统治的需要，也要重新修建。而如果一个地方成为行政中心之后，其工商业也必然会兴旺发达起来，成为商品的转换集散地，逐渐演变成兼具政治、军事和经济职能的综合性城市。这就使得中国古代之城，既是政治中心，又是经济中心和工商业的发展中心，同时，还具有军事设防的作用。

三、符合礼制的规模建制

图3-1 山东曲阜故城南门
（章力 摄）
曲阜县城屡有废更，现存的旧县城城墙是在明代迁址附于孔庙之后的遗物。建于明正德七年（1512年），十年后完工。

图3-2 北京钟楼
（章力 摄）/对面页
北京的钟楼位于全城中轴线的北端，建于明永乐年间，供报时之用。楼平面方形，重檐歇山顶，楼身全部包砖，开拱形门窗，造型敦实厚重，是最北部的制高点。

城市规模的大小，多以人口的多少和面积的大小来衡量。在古代，中国的城的数量之多规模之大，是世界上其他国家难以比拟的。唐宋时期，据不完全统计，当时即有县以上城池1600余座，人口在10万以上的大城市有数十个，唐长安、洛阳，宋汴京、临安等都城的人口更在百万以上，而同时期欧洲伦敦和巴黎的人口均不满10万。

在中国，城池规模的大小还以周长来计算。现存的都城多超过30公里，府州城超过10公里，而一般的县城则在10公里以内。很明显城池的规模受到行政等级的左右，故国都较省城为大，省城较府州城为大，府州城又较县城为大。其实，不仅是城池的规模受到行政等级限制，而且建城的形制如城门的多少，城墙的高度等亦受到礼制制度的约束。

图3-3 湖北荆州古城城门（程里尧 提供）
荆州古城建有六座城门，城门之上均有城楼，今仅存北面拱极门城楼。该城楼重修于清道光十八年（1838年），五开间，重檐歇山顶，高敞轩朗，巍峨壮观。

图3-4 湖北荆州古城及护城河（程里尧 提供）
荆州古城传为三国蜀将关羽所筑，原为土城，南宋时用砖包砌，元拆除，明初又重建，现存的城垣为清顺治三年（1646年）修建。城呈多边形，护城河如玉带环绕，起伏曲折状若游龙。

早在公元前10世纪前后的周代，城池的规制就已深受礼制影响。《左传》中载：“天子之城方九里，诸侯礼为降杀。则知公七里，侯伯五里，子男三里。”对于诸侯卿大夫的采邑和都也有着相应的严格规定：“先王之制，大都不过三国之一，中五之一，小九之一”（《左传》）。至于城墙、城门的高度及城内道路的宽度等，在《周礼·考工记》中亦有明确规定。“王宫门阿之制五雉，宫隅之制七雉，城隅之制九雉（一雉，指的是高为一丈的城墙）。经涂九轨，环涂七轨，野涂五轨（经涂：城内道路；环涂：环城道路；野涂：城外

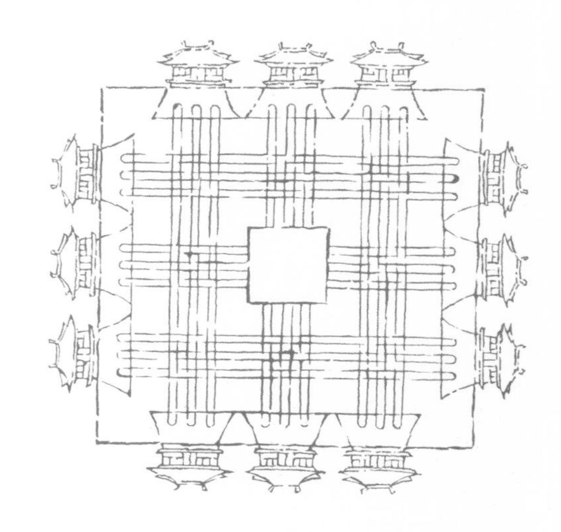

图3-5 聂崇义《三礼图》中的王城图

宋代的聂崇义根据《周礼·考工记》所载之王城制度绘制。《考工记》中云：王城“方九里，旁三门，九经九纬，经涂九轨”，是理想的帝王之都。

道路）。门阿之制，以为都城之制。宫隅之制，以为诸侯之城制。环涂以为诸侯经涂，野涂以为都经涂。”这种降杀以二的三级城邑制度，限制了不同等级城邑的规模和结构秩序，形成了遍布全国的城邑体系和统治网络，同时也奠定了按国家政体决定城市等级的体制。

秦统一中国后，实行中央集权统治和郡县制政体，以都城（咸阳）、郡城（诸侯国都）和县城三级城市网取代宗周的城邑制度，建立起新型的与行政体制相吻合的城市体系。汉在秦郡县制的基础上又增加了13个州部（刺史部）统领各郡县。与之相应，则形成了都城－州（刺史部驻所）－郡（属国都驻所）－县（邑、道）治所四级城市网络。

此后，这种自上而下，带有礼制观念的建城制度一直延续下来。随着城市经济的不断发展和人口的增多，城市等级规模差异的加大和地域空间分布的调整。传统的与行政体制相适

图3-6 湖北荆州古城城墙（程里尧 提供）
荆州古城是长江中游重镇，历代兵家必争之地。古城周长9.3公里，城墙高9米，厚约10米左右，城门设有瓮城，气势雄伟，是我国南方保存最为完好的一座古城。

应的城市等级系列也得到了逐步完善。至明清时，全国已形成了以都城为核心，置行省，下及府、州，县与镇的五级城市网络体系。

这种本于统治需要而建立的城市体系，不仅使行政体制与城市等级协调一致，而且还使城市等级与人口规模的对应关系成正比发展。以宋代为例，当时的京师汴梁和临安，人口都在百万以上，建康、镇江、苏州、潭州、福州等府州城的人口，也多在20万左右；而县城的人口，一般则在2万以内。

与人口相应，城市用地的规模也与行政等级一致，尊卑有序。而在某些情况下，即便是人口有限，城池的规模也要建造得与行政级别相吻合，留出空地以待将来发展。这样久而久之，就又形成了中国城池建设的一大特色，即筑城时多留有大片的空地，像河北的正定府城，到20世纪40年代，城中尚留有接近二分之一的空地，福建泉州府城中也有四分之一左右的预留地。这些空地多为农田、池塘、园圃和林泉，它们不但可以提高城池的防御能力，降低城市被围的威胁，在城内人口膨胀时，又可作为发展用地。很多大城还结合水源，因地制宜地将空地、湖泊等经营成园林，美化城内外环境。古代长安的曲江池、洛阳的天渊池、杭州的西湖、南京的玄武湖、北京的三海和济南的大明湖等就是这方面的佳例。

四、方整划一的结构模式

中国的城，大多数较为规整，形制近于方整，所以古人常用“城方如印”来形容城池的形态。“方城”是中国传统的理想模式，“地道曰方”（《大戴礼记》），“方数为典”（《周髀算经》）的观念根深蒂固。从《周礼·考工记》讲述的“匠人营国，方九里，旁三门。国中九经九纬，经涂九轨”的情况来看，周王城的形制也是方城。受此影响，大多数的古代都城，如汉魏洛阳、隋唐长安和明清北京等都取法方整，接近方形。

在丘陵地带或沿江河筑城，受地形条件的限制，城池的形态常作不规则形。正所谓“因天才，就地利。故城郭不必中规矩，道路不必中准绳”（《管子·立政篇》）。南京城、杭州城和泉州城等就是这方面的典型实例。

但是，无论城池的形态如何，中国城市的结构布局，大抵都是继承了传统的井田制方格网络规划方法，用纵横相交的道路系统将全城划分成棋盘式的方格，再在其间布置建筑内容。并以此来协调城内各部分用地的规模和比例关系。唐代诗人白居易在《登观音台望城》一诗中，曾用“百千家似围棋局，十二街如种菜畦”的诗句描绘这种布局结构。这种星罗棋布的规划布局方法，源自商周时期的井田概念，在公元前10世纪即已应用于城市建设，并由官方加以总结形成制度。它比古希腊的城市方格网络系统还要早，而且影响更为久远，其意匠、方法已被后世奉为经典而加以诠释和实施。

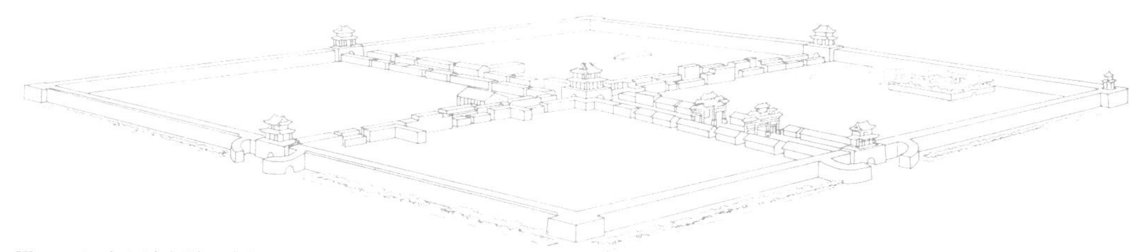

图4-1 辽宁兴城鸟瞰示意图

兴城旧称宁远，是在明代所置的宁远卫城基础上发展起来的，清乾隆四十六年（1781年）重修。城为正方形，南北长825.5米，东西宽803.7米，城高10米，四面各开一门。城内十字大街中心建有鼓楼。兴城是现存古城中最完好的一座。

图4-2 辽宁兴城东门（张振光 摄）

古城四面各开一门，均筑有瓮城，城门上建城楼，二层五开间，周围廊歇山顶，宏伟壮观。

在这种规划意匠和经纬坐标体系之中，强调的是城市结构布局的组织秩序和中国独特的空间方位观念，讲究南北向，推崇方正、中正。《周礼》中讲："惟王建国，辨正方位，体国经野。"所以，中国的城，均以南门为正门，城内的建筑亦南向。重要的建筑物，如钟鼓楼、市楼，衙署、学宫等，多设在城内的中心区或是显要地段，寺观庙宇散布城内各处，四周则本着"士大夫不杂于工商"（《逸周书·程典》）和"四民（士农工商）者，勿使杂处"（《国语·齐语》）的原则，按身份分职业组织聚居。这样，大多数的古代城市就呈现出方形城池、网状道路的结构框架，以及钟鼓楼、市楼居中控制高度，并与城门楼遥相呼应的空间布局形式，构成了传统城市空间组织的基本特征。特别是在北方地区，这种空间组织模式更是居于主导地位。

唐以前，城市中实行"里坊制"，以棋盘式经纬干道划出的地域为基础，沿街建坊墙、设坊门，按功能分区组织编户居民聚居，抑或建造寺院、馆舍等其他建筑。里坊的规模，自汉以后都建设得很大，北魏洛阳城的里坊方三百步，隋唐长安城的里坊最大的达80多公顷，小的也有30多公顷，比现代的居住小区还大。里坊内辟有巷道，建筑不可直接对大街开门。里坊有严格的管理制度，设有"里正"等官员负责治安，每晚全城实行宵禁。唐时日出敲街鼓600下后开坊门，日落敲街鼓600下后关坊门。"六街鼓绝行人歇，九衢茫茫空有月"便是当时夜间街衢景象的真实写照。

图4-3 辽宁兴城街景（张振光 摄）
兴城城内是非常典型的十字大街。南大街上有石坊两座，南为明朝前锋总兵祖大寿石坊，建于明崇祯四年（1631年）；北为明朝援剿总兵祖大寿石坊，建于崇祯十一年（1638年）。街巷基本上保持着传统风貌。

图4-4 山东蓬莱水城及蓬莱阁（张振光 摄）/后页
蓬莱水城地处海滨丹崖山麓，与蓬莱阁相连，负山控海形势险要。水城用于停泊船只，操练水师，城外有水师营地、灯楼、敌台、水闸等设施，是一座严密的海上防御工事。

这种棋盘式的“里坊制”规划方法，极具封闭性和内向性，是中国传统社会文化和思想理念在建筑上的反映。在古代，城以墙围，墙内再以街衢围成里坊，坊内用巷道围合诸家，家则皆为四合院，从而形成一个层层内聚的封闭结构。这是一种极有中国特色的规划组织方法。虽然宋元之后，里坊制度不复存在，坊墙已被拆除，但是，这一规划思想体系的基本特征仍未改变，规划方法的原理始终如一。

毫无疑义，这种内聚性的封闭结构，十分有利于军事设防，因此后来城池的防御功效便从考虑选址，占据有利地形，发展到利用规划手段，建造多重封闭的城墙，借以增加防御进深。

图4-5 山东蓬莱水城
（张振光 摄）
蓬莱水城，名备倭城，是明代抵御倭寇侵扰所筑的海防要塞。建于明洪武九年（1376年），城墙初用土筑，至万历二十四年（1596年）包以砖石，平均高度约7米，宽8米，长方形，周长2000余米。

图4-6 辽宁兴城鼓楼（覃力 摄）

辽宁兴城鼓楼地处城内十字大街中心，呈方形，砖砌基台四面开券洞，供行人行走。楼身两层，五开间，歇山顶，建于明宣德年间

于是中国便出现了许多建有城和郭两重墙垣的城市。而都城自隋始，更多筑有宫城、皇城和外城三重城墙；还有一些城池，由于人口有所发展，市区扩张到了城外，而又重新加筑了外郭。城与郭或内城与外城，既是一个统一的整体，又有着较为明确的分工。郭城内多为一般百姓的生活区和手工业、商业区，官署衙门及达官显贵们的府第则集中在内城，而宫城只是皇宫所在，故内城重在政治活动，而外郭则重在经济活动。

五、取象于天的规划思想

按风水理论，城之墙垣属阴，城墙包容的空间属阳，阴阳相合乃成城池。城内的空间既然与阳相关，那么取象于天就势在必行。在中国的城池建设中，多利用空间方位的布局和严整的轴线序列来表达与天地同构，追求"仰模元象，合体辰极"（《晋书》），这种天地相应的观念是神权统治的精神体现，也是都城规划设计的思想根源。

早在殷商之时，殷人便通过卜问来遵从上天的意志安排都邑，并称之为"天邑"，用以表达"有命在天"、"得天独厚"的思想理念。周人更依据"北辰（北极星）居其所，而众星拱之"（《论语》）的对天之秩序的体认，去寻找大地的中心——"土中"营建王

图5-1 汉长安城平面图

汉长安城周回25公里，八街九市十二门。张衡《西京赋》称："街衢相径，廛里端直，甍宇齐平。"城的形状很不规则，南北曲折多变，古人说是星斗之作，故被称为"斗城"。

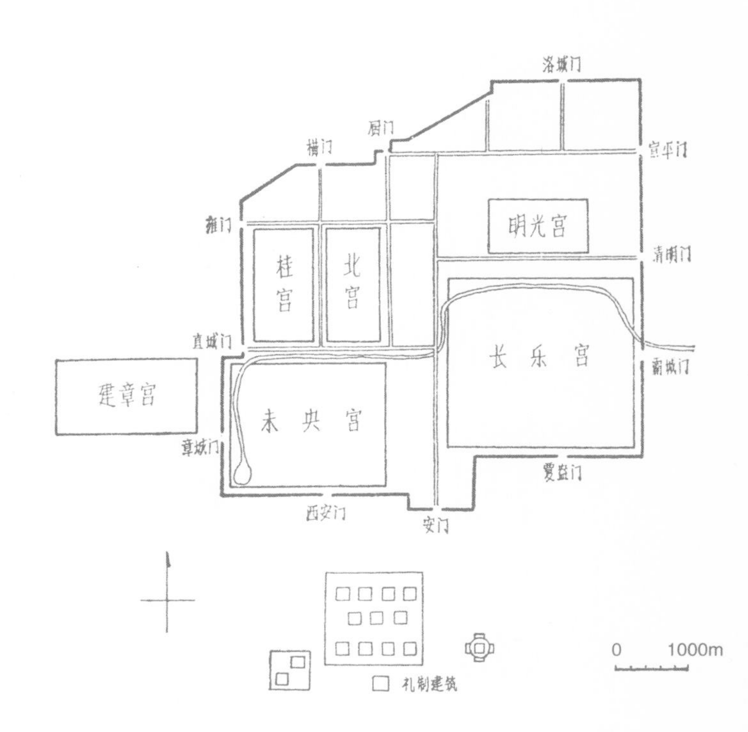

图5-2 北京前门箭楼（覃力 摄）

北京的前门名正阳门，箭楼是瓮城的门楼，建于明永乐年间。楼高四层，重檐歇山顶，为抵挡炮火的攻击，楼身用砖包砌，开有箭窗82个，箭楼腰间的平座是民国初年增修的

城，使“天”与“邑”、“王城”与“土中”结合起来，进一步发展了这种观念。《尚书》云：“王者来绍上帝，王自服于土中。”《荀子·大略》亦云：“王者必居天下之中。”其实择天下之中修筑王城不仅是“受天永命”，便于治理天下，而且还可以用中央这一最显赫的空间方位来表现“王者之尊”。“择天下之中而立国，择国之中而立宫”（《吕氏春秋》），即这种“择中”观念在城市规划方面的具体反映。

《尚书·禹贡》提出的“五服”及《周礼·夏官》提出的“九服”疆域概念，都是以帝都为中心而向外层层拓展，是“择天下之中而立国”的理想模式。周人就曾通过测日影来定“土中”，寻找天下之中心的位置，精心修建王城洛邑和成周，以求配比皇天，阜安万民。而“择国之中而立宫”则是“择中”观念在城市布局上的引申。

图5-3 陕西西安西门箭楼（张振光 摄）
西安旧城的四门都筑有瓮城，瓮城上建筑箭楼。箭楼高四层，外表用砖石包砌，既坚固又防火攻，正面设有48个射孔，是抵御入侵时的重要防线。

图5-4 云南大理古城（程里尧 提供）

大理城历史上曾是唐南诏国、宋大理国等国的国都。现存的大理古城是明洪武十五年（1382年）修筑的新城，城周12里，四面各开一门，门上建城楼，四角建有角楼。

《周礼·考工记》中所记载之王城制度，十分明确地规定了以王宫为中心的格局。在方九里的王城内，王宫居正中，南设朝廷，北为市肆，左置祖庙，右立社稷。王宫是王城的主体，其余均处于从属地位，呈“群星朝北斗”之势。这一思想理念一直影响着中国城市的布局，即使在一般的城镇之中，城内中心区域亦多为王府、衙署，或是钟鼓楼等。故《相宅经纂》中说“京都，以皇殿内城作主；省城，以大员衙署作主；府州县，以公堂作主。”这不但迎合了传统的礼制，而且也成了中国城市中心布局的总特征。

秦汉时的都城布局，强调形式上的与天同构。按《三辅黄图》记载：秦“筑咸阳宫，因北陵营殿，端门四达，以则紫宫，象帝居。谓水贯都，以象天汉，横桥南渡，以法牵牛。”汉长安“周回六十五里，城南为南斗形，北为北斗形”。二斗呈拱卫北极之象，城中是“紫

图5–5 山西霍县霍州署（章力 摄）

官府衙门在古代地方城镇布局中起着十分重要的作用，许多建置较早的府州城都以衙署居中。霍州署是我国现存比较完整的古代衙署之一，遗留建筑有大门、仪门、牌坊、大堂、二堂及内宅等，规模较大，形制壮丽。

微帝宫”。“斗为帝车，运于中央，临制四方，海内艾安”（《史记·天宫书》）。唐都长安亦以宫城象征紫微星，以皇城象征地平线以上的北极星为中心之天象，外郭象征周天之象，四列坊象征四季，十三排里坊象征十二个月加闰月。同样反映了以北极为天中而众星拱之的思想，只是更加抽象化而已。

其实，自周秦以至明清，取象于天的思想观念始终没变，不过是历代各有追求罢了，而最终这一思想更通过轴线来加以强调，演变成为具有象征意义的城市中轴线。桓谭在《新论》中说：“北极，天枢。枢，天轴也。”故城市中亦用南北中轴线以应天象，并直指北辰，象征上达“天阙”，与天同轴。城中的重要建筑物都依次布置在轴线的两侧，左右均衡对称，呈雄壮开拓的气势，借以突出轴线尽端中心建筑的威严和尊高。

明清北京城就是用南北轴线控制全城布局的规划典范。北京城从外城的南门永定门直至钟鼓楼，轴线长达8公里，设有9重门阙。全城以轴线为主导，两侧设有各部衙署、太庙和社稷等重要建筑，并对称组织郊坛和坊巷，突出紫禁城的中心地位。这种通过轴线将全城组织成一个秩序严明的有机整体的布局方式，不但是取象于天，追求与天同构的抽象表现，而且，其中还渗透着尊卑有序的传统礼制内容，体现出以礼建国的规划有序性。

城是人们聚居的地方，市是商品交易的场所，城市并称，即说明它们之间的关系极为紧密。在中国，从商周至隋唐，一直实行由政府统一管理的“市制”，市之置废均秉于政府，且“诸非州县之所，不得置市”（《唐会要》）。而城内的市与坊，在空间布局上也被完全分开，商品交易只能在市内进行。

从《周礼·地官》对市的描述情况来看，周时的市，建有墙栅和市门，市内不仅有进行交易的场所“肆”，而且还有管理人员的办公处所“思次”，并由“司市”及其所属掌管交易，调节物价，维持治安。由于当时的工商业为官方所垄断，商人与百工均隶属于贵族，为贵族的需要服务，故司市属于国中内务，“营国制度”亦置市于宫后。

图6-1 江苏苏州水街（章力 摄）
南方许多的传统城镇中水网交错，居民以舟船为主要交通工具，河道具有道路的功能，这样河流也就成了城镇景观的组成部分。苏州是典型的水乡，沿河的建筑轻巧淡雅，犹如画卷，极具水街特色。

图6-2 山西平遥旧城街景（覃力 摄）

平遥的旧城较好地保存了明清时地方县城的城市景色，市楼位于城中，街道从市楼下穿过，街道两侧的铺面鳞次栉比，是具有代表性的北方城镇景观

战国时期秦故都雍城的市已经发掘，现探明该市地处雍城的东北部，南北长160米，东西宽180米，面积接近3万平方米，呈长方形，四周建有墙垣，每面中部各有一座市门。

随着商品经济的不断发展，市场交易愈益发达，市的规模不但逐渐有所扩大，而且也从服务于贵族转为面向民众了。按《三辅黄图》记载，汉时“长安市有九，各方二百六十六步。六市在道西，三市在道东”。市有围墙和市楼，开市时升旗以为号令。班固《西都赋》云：“九市开场，货别隧分。人不得顾，车不得旋。阗城溢郭，旁流百廛。红尘四合，烟云相连。”可见此时之市，已是名副其实的公共商品交易场所了。

由于市的性质发生了变化，都城布局也就不再为“面朝后市”所约束。故自东汉经营洛阳开始，市便不再设于宫后，而是建在人口较为密集的居住区域，与城日常生活结合得更加紧密，至北魏再筑洛阳时，市便成了外城规划上的重心所在。虽然市仍然保持着集中管理的形制，但是实际上，它已发展成为城中独立的商业街区，是城市的一个重要组成部分。隋唐长安城的东、西市，唐洛阳城的南、北市等，即是这种古典市制发展的鼎盛时期。

图6-3a 江苏南京秦淮河（赖自力 摄）/前页

图6-3b 秦淮河转弯处（赖自力 摄）/对面页
秦淮河流经南京城，河两岸夫子庙一带自六朝以迄明清一直都是十分繁华的地方。现在经过改造已成为颇具传统文化气息的活动场所。

《大业杂记》载：长安“市周八里，通门十二。其内二百二十行，三千余肆，甍宇齐平，遥望如一”。完全是一个有着统一规划和管理的商业街区。从考古发掘来看，唐长安的东、西市各为1000米×924米和1031米×927米，内有井字巷道，宽16米。《长安志》云：“市内货财二百二十行，四面立邸，四方珍奇，皆所积集。”规模之宏阔，市肆之繁荣，远非前朝所能比拟。

但是，当时的商业活动，还只是限于在白天进行。《唐六典》规定：“凡市，以日午时击鼓三百声，而众以会，日入前七刻，击钲三百声，而众以散”，这无疑会限制商品经济的发展。直至北宋时，古典的“市制”才在空间上和时间上被彻底打破。住宅、店铺等直接临街设门，坊市的界线开始泯灭，继之而起的则是：“十里长街市井连”（张祜《纵游淮南》）；“夜市千灯照碧云”（王建《夜看扬州市》）的繁华热闹的街市景象。

伴随着传统市坊制度的解体，城市面貌和商业格局都发生了巨大的变化。

图6-4 宋·张择端绘《清明上河图》（局部）
清明上河图所绘的是北宋时汴梁城的景象。从画中我们可以看到各种商店、酒楼鳞次栉比，招牌幌子琳琅满目，商业、运输活动十分繁荣。宋代街衢情景被描绘得淋漓尽致。

宋以后，集中的市制为遍布全城的商业网所替代。以从旧市制中的“肆”、“行”发展而来的行业街为骨干，按行业分布和不同商品划分地段，并与分布于各坊巷内的小型店铺相结合，形成全城性的商业网。行业街市以批发和经营特殊商品为主，坊巷内的铺面则以零售日用品为主。此外，新兴的瓦子（娱乐场所）和酒肆、茶楼、歌馆、店舍等服务行业也纳入了商业网，一些寺庙还定期举行庙会，形成综合性的集中商市或街区。明清时期北京的隆福寺、南京的夫子庙、上海的城隍庙，以及苏州的玄妙观等，就是综合性商业街区的典型。这种既有集中，又有分散的商业布局，使商业与居民区保持了较为紧密的有机联系，构成了变革后的新型城市商业组织体系，同时庙市亦发展成为一种独具特色的传统商业形式。而随着商品经济的进一步发展，交通便利的城关地带还往往形成关厢，工商业、居住区溢出城外，构成了城内外统一的街巷体系。

这种城市结构组织的变化，也促使城市的面貌大为改观。街道两侧的坊墙均被拆除，店铺、作坊、馆舍、酒楼与住宅、寺庙杂然并见，争相临街开设，形成了一种开放式的街衢格局。街坊道中竖立牌坊，悬额以示地名，并据此围成空间，以使街道不再只是用于交通，同时也作为人们相互交往，进行贸易的场所而存在，而牌坊更成为典型的中国街道的标志。

七、经纬交织的道路系统

图7-1 陕西西安城墙（张振光 摄）/前页
西安的城墙高12米，基底宽15-18米，顶宽12-14米，用黄土分层夯筑，底层以石灰、土和糯米混合夯打，外表包砖。城墙每隔120米左右建有马面、敌楼，既可加固城墙，又能增强防御能力。

中国的城市多以纵横交错的经纬道路划分里坊用地，《周礼》中描述的王城，采用的就是“九经九纬”垂直相交的道路系统。这种道路系统对后世的影响极大，以至于平原地区绝大多数古城的路网，都组织得非常规整，呈方正垂直的棋盘格局。尽管在地形较为复杂的地区，道路会因地制宜地顺应河川、山脉的走势而弯曲，但是城内的道路系统仍然是纵横交织，呈不规则的交叉路网，这与欧洲以广场为中心的放射形道路系统大相径庭。

这种“街衢洞达，以相经纬”的道路系统的组织形态，多与城门的设置有关。由于城门是对外联系的唯一通道，是城内外交通干道的结合部，所以通过城门的道路就必然构成城内的主要交通网络，而城门的位置和数量的多少，也就直接影响着道路系统的形态。一般来说，都城每面常开设三个城门，有纵横三条经纬干道贯穿城内外，道路系统呈网格状，如唐长安城、宋汴京城、金中都城和元大都城。府州城每面多开设两个城门，干道系统呈井字形，如宣化城、太原城和安阳城等。普通的县城则每面只开设一个城门，道路系统呈十字

a

b

图7-2a,b 陕西西安城西北角、东北角及护城河

（张振光 摄）

西安城的四角过去均修建有角楼，三个直角转角处建有方形两层楼，圆形转角处建有八角形三层角楼，现均已不存。护城河宽10米，深6米，也是十分有效的防御工事。

形，若城门错开，或是不开北门，则会形成丁字形大街。当然也有许多城镇的道路系统并不局限于此。

在中国，道路的宽度常用车轨来衡量。《周礼·考工记》中有“经涂九轨”，也就是说道路的宽度为9条车轨，九轨约合16.56米。汉长安的道路宽度，张衡在《西京赋》中讲是“方轨十二”，后经考古发掘印证为40—50米宽。隋唐以后，道路的宽度改用步来确定。据文献记载，唐长安城南北中轴线朱雀大街的宽度为100步，皇城内丹凤门大街为120步，实测则分别宽达150米和180米，而长安城内一般道路的宽度也在40—70米之间。道路宽阔，气派宏伟，大大超出了交通的需求，所以到宋破除里坊制之后，道路便开始从实际需要出发，日趋变窄。北宋开封城内道路的宽度就减到了50—25步，元大都道路的宽度更在25步以内，其后各代都城街道的宽度，也都与此不相上

图7-3 陕西西安城西南角（张振光 摄）

西安城的西南角是圆形，与其他三个城角不同。民间称此圆形转角墩台为“忤逆角”，指为不尽孝道的耻辱标记，其实它是唐皇城城角的遗迹，并非风俗印记。

图7-4 陕西西安城墙垛口（张振光 摄）

城墙垛口有瞭望、作战护身的作用，是守城兵士战时的掩体。西安的城墙，共有垛口5984个，全城可容一万余人同时作战。

下，而一般府、州、县城的街道宽度则会更窄一些。

城内道路的等级制度也是历代多有规限。《周礼·考工记》所载之道路制度，就规定王城应是："经涂九轨，环涂七轨，野涂五轨"；其余的城邑则是："环涂以为诸侯经涂，野涂以为都经涂"。这种三级道路系统的主要依据是宗法礼制秩序，而后世道路等级的确定，则多是根据交通量的大小、功能用途和繁华程度。据元人熊梦祥《析津志》中的记载，元大都在兴建时即曾定出：大街宽二十四步（约37.2米），小街宽十二步（约18.6米），巷道宽六步（约9.3米）的等级制度。总之在中国，都城和府州城的道路系统，可以分为干道、街和巷三个等级，而县城的道路系统，则多为街和巷两个等级。

秦汉前后，道路有三涂之制，也就是说城门皆有三个门道，通过城门的干道是三条路并行。班固《西都赋》"披三条之广路"的描述，已为考古发掘所证实。三条道路，中为"驰道"，专供天子御用，两旁称"旁道"，供其他人行走。《三辅决录》对分道而行作过这样的解释："左右出入为往来之径，行者升降有上下之别。"陆机在《洛阳记》中更有具体的描写："城内大道三，中央御道，两边筑土墙，高四尺，公卿尚书服从中道，凡人行左右道。左入右出，不得相逢，夹道种植槐柳树。"可见现行交通法规的右行之制源远流长。宋时三涂虽已归一，但是为了突出帝王的

图7-5 辽宁兴城城墙（张振光 摄）

兴城的城墙初建于明宣德五年（1430年），清乾隆四十六年（1781年）重修。城垣外用青砖，内用石块砌筑。墙高10米，女墙高1.7米，底宽6.8米，上宽4.5米。

威严，汴京城内的御街上，仍用红漆杈子将御道与其他行人隔开。这说明古代城市道路的形制，既注重交通功能，又非常讲究礼制，维护统治者的尊严。

路面的铺装，在隋唐以前多为夯土。唐时重要的街道常用白沙垫道，以防泥水和尘土，街旁建有排水明沟，两侧种植槐树。从白居易“迢迢青槐街，相去八九坊”的诗句中，可以想见当年街道两旁绿树成行槐荫遮日的景象。北宋汴京城内主干道的两侧也“有砖石铺砌御水沟两道”，沟中“尽植莲荷，近岸植桃李梨杏，杂花相间，春夏之间，望之如绣”（《东京梦华录》）。而此时南方一些地区则开始出现了用砖石铺砌路面的方法，所以《吴郡图经续记》中说：“从北宋起，路面多铺以砖。”到明清两代，城内道路为防雨水，已广泛采用条石、卵石和砖来铺砌，尤以南方为甚。北京城内的大街即多采用石板路面，其次要道路用卵石铺砌，而巷道却仍为土路。

八、固若金汤的防御设施

古代中国，城与城墙是不可分割的一个整体，城是由城墙围合而成，城墙不但是城内居民的安全保障，而且它还以自身的形象标明了城的存在，与城的存亡共命运。如果一座城的城墙被攻破，就表明城已陷落，而一旦京师或国都的城墙被攻破，这个国家也就完了，故此历代君王对于城墙的修建都不敢稍有怠慢。

典型的中国城，除了建有城墙之外，还连带着修建环绕城墙的护城河，所以城又可称作城池。护城河大多宽达二三十米，深3—5米，是城墙外的又一道防线。它不但可以十分有效地阻挡敌人的进攻，而且挖掘护城河的泥土也正好用来建造城墙，因此高墙深堑也就成了修筑城池所追求的目标。

早期的城墙完全采用夯土建造，为了使墙身能够坚固，经得住战争的洗礼，城墙便造得很厚，断面呈梯形。《墨子·备城守》中云："城厚以高，壕池深以广"，就是说墙体的高厚比为1：1。而后世《营造法式》的"筑城之制"规定：城墙"每高四十尺，则厚加二十尺"，墙体的高厚比为2：3，更加敦厚牢固。从现存西安明代城墙来看，其高为12米，城基厚15—18米，顶宽12—14米，墙体的形制与《营造法式》的规定还是很接近的，只是略为陡峻而已，这或许是由于采用了砖石包砌墙体的缘故。

在土城外面包砌砖石的做法，唐宋时期就已有之，至明代时便普遍运用这种方法保护夯

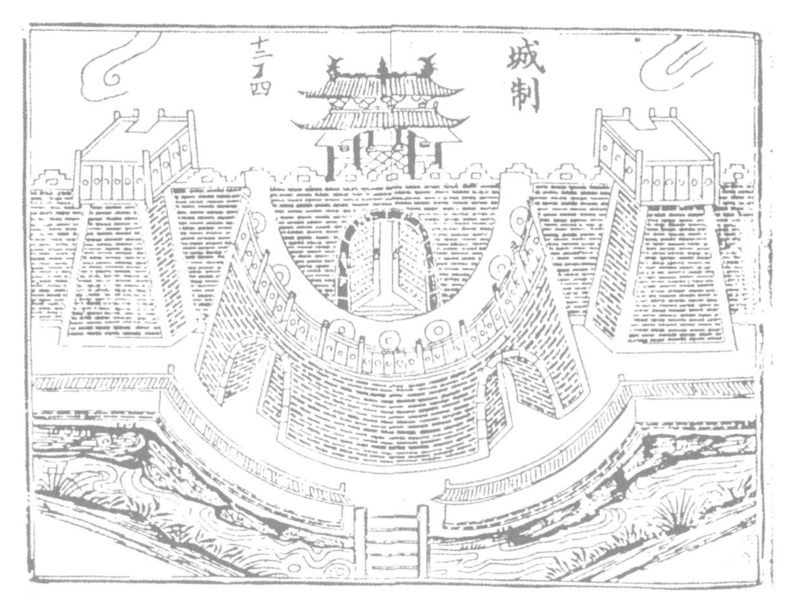

a

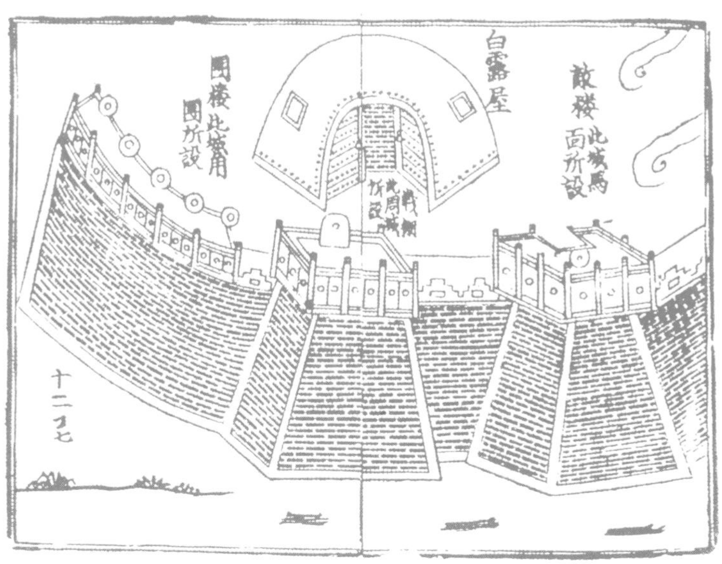

b

图8-1 宋代曾公亮《武经总要》书中所绘之宋代城制

土墙身。这一方面反映了火器已用于攻城，城防必须加固，同时也说明了制砖业的发达，在客观上提供了物质条件。

城墙的顶端为了抵挡矢石还建有女墙。古时称为雉堞，是城墙顶端修建的一种掩体，后来演变成砖石砌筑的垛口，形成了城墙所特有的高低错落、虚实相同的顶部造型效果。

随着攻防战术水平的提高，城墙便从直线形发展成带有“马面”的形式。也就是相隔一定的距离，在墙体上修建一个向外凸出的部分，以便更有效地反击进攻之敌，同时还可以作为支撑体，加强墙体的坚固程度。沈括在《梦溪笔谈》中曾讲述过马面的实用效果，他说：“予曾亲见攻城。若马面长，则可反射城下攻者，兼密则矢石相及，敌人至城下，则四面矢石临之。”马面的宽度多视城墙的大小而定，马面间的距离一般也不过百米，目的是确保中间地段能够在弓箭的射程之内，利于加强防守。

城墙最薄弱的部分是城门，所以在防御方面历来为人们所重视，城门的形式和构造也不断地得到改进。春秋时，墨子曾提出过建造用绞车启闭的悬吊式城门，并在门上钉木栈涂泥，以为防火的设想（《墨子·备城守》）。南宋的陈规在《德阳守城录》一书中也建议

图8-2《钦定书经图说》中的“庶殷丕作图”/对面页
该图表现了古代修筑城墙的情景。

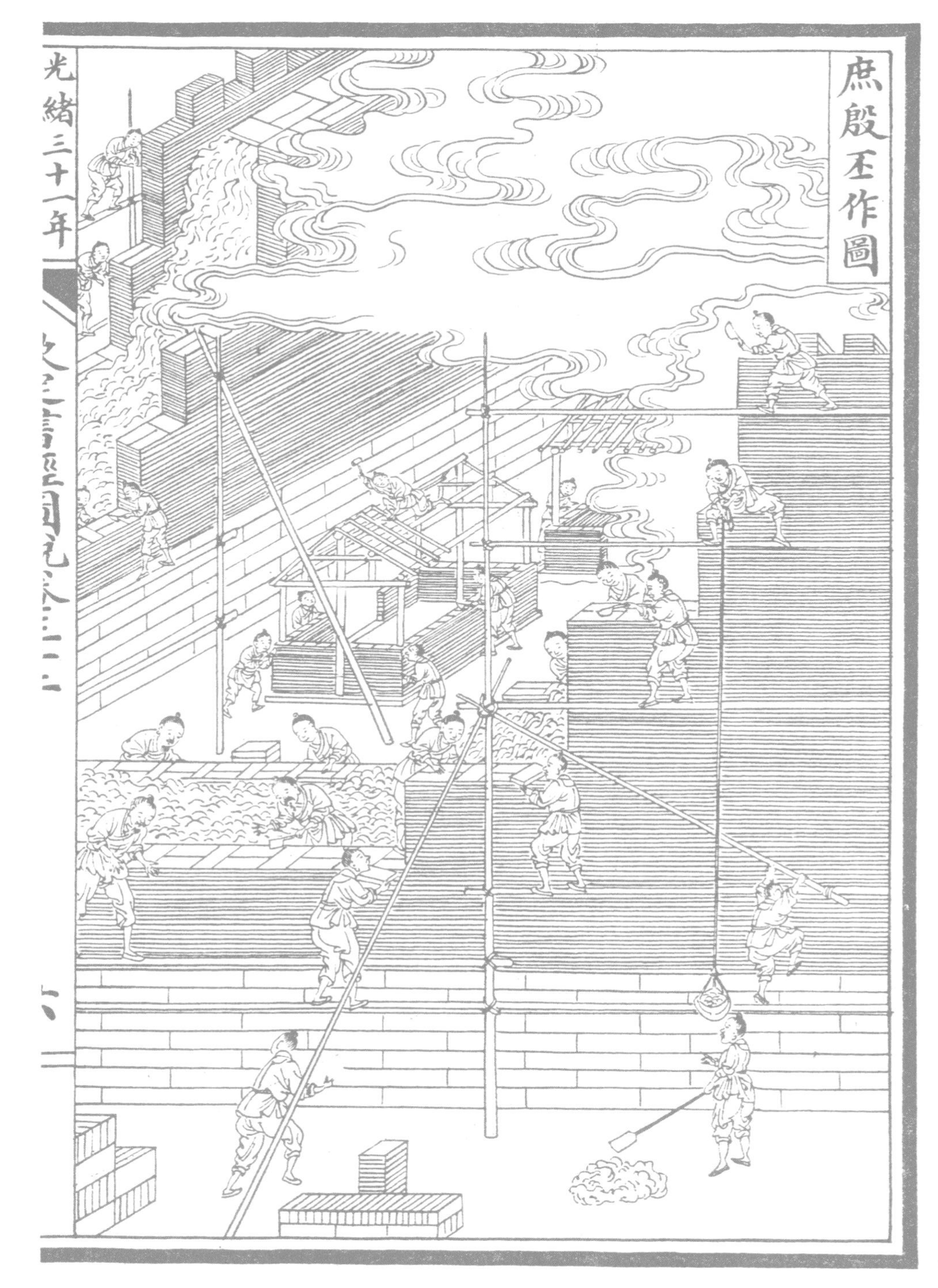
庶殷丕作圖
光緒三十一年

过，城门设三道门扇，城楼处设暗板，揭去暗板后，可以从城楼上投掷滚木雷石，用以增强城门的防御能力。明清时期，为了有效地抵御火攻，城门已普遍包锭铁叶，或是设有上下启闭的千斤闸，城门的结构构造也由过梁式的木构城门，演进为砖券城门。

此外，为了加强城门的防御能力，城门之外多加筑瓮城。瓮城的建造始见于汉代，至宋时已十分普遍。《东京梦华录》载汴京，“城门皆瓮城三层，屈曲开门”，构造复杂，其目的是为了使攻城之敌不能轻易而入。明清时，一些瓮城中还建有藏兵洞，以作为作战期间储备物资和兵员休息藏身之用。

中国式城的城门之上还建有门楼，有些城墙的转角处还建有角楼。由于城楼是

图8-3 江苏南京中华门藏兵洞（俞绳方 摄）
中华门旧称聚宝门，设有瓮城四重，内有藏兵洞多处，各道门除了双扇大门之外还设有千斤闸，是南京城南面最为坚固的城门之一。

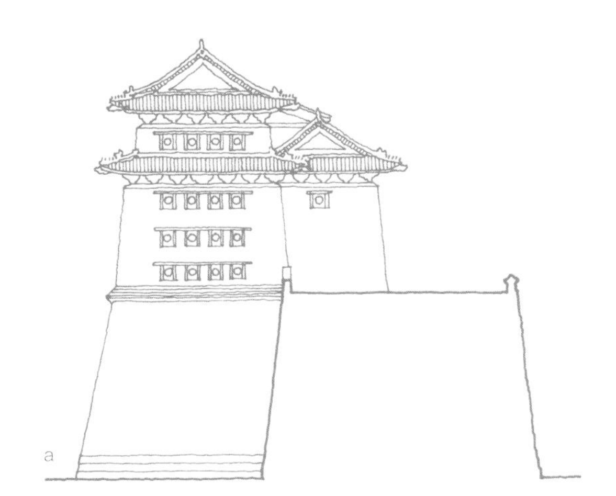

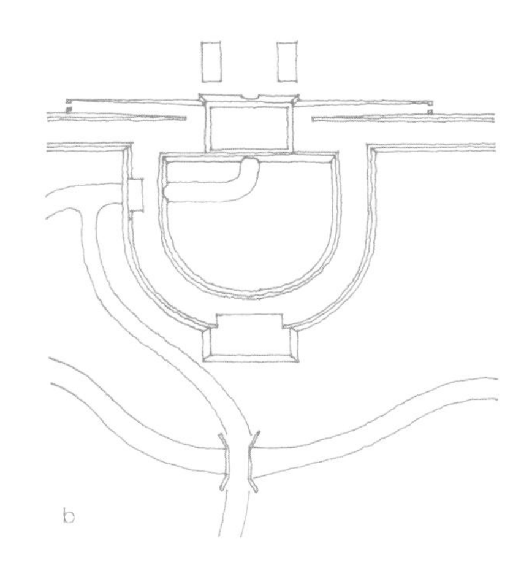

图8–4 北京阜成门箭楼侧立面和阜成门瓮城平面图

北京城四面的城门皆建有瓮城。瓮城上建箭楼。由于南面正阳门是正门，故道路笔直，穿箭楼而遇；其余各城门则是在瓮城的侧面开门，道路曲折。阜成门在北京城西侧，瓮城为半圆形，箭楼突出于瓮城，入口处设有闸楼。

建在城墙之上的多层建筑，所以显得非常雄伟壮观，而且有利于登楼远眺，监视敌情。汉唐以前的城门入口处也有设置门阙的。《诗经·郑风》中载："纵我不往，子宁不来，挑兮达兮，在城阙兮。"说明早在西周时期就出现了城阙。城阙与城楼的不同之处就在于阙是城门两侧所建之建筑，而城楼则是建在城门之上。宋以后，城门便不再建阙，而多造城楼。城楼的形式也与殿阁十分相像，基本上是木结构。但是随着攻城火器的发展，明清时期的城墙和城楼，就多用耐火材料取代土城木楼，改为砖石建造，北京城的箭楼和角楼就都是用砖石包砌建造的。

城楼的修建，本是出于军事需要，然而，正是由于城楼的存在，才使得城墙的外观有了变化，丰富了城市的轮廓，而成为一种极具魅力的建筑形式。同时又因其与城墙一起记录了世间沧桑，作为历史遗迹而感人至深。今天，尽管城墙和城楼都已失去了它的功能意义，但是它们所蕴藏着的文化内涵，却仍能令人感慨万千。它那雄伟威严的建筑形象，更是深入人心，历久弥新，长存世间。

图8-5 江苏南京中华门瓮城门洞（俞绳方 摄）

南京城的外城共有城门13座，均建有瓮城，中华门（聚宝门）的瓮城最大，用砖石包砌，过去各门上都建有城楼，现仅残存城门及瓮城。

图8-6 陕西西安城墙马面及敌楼（张振光 摄）/后页

敌楼是建在突出的墩台上的作战工事。西安城的敌楼明朝修建的为两层重檐歇山式，清朝修建的为单层硬山平房。全城共有敌楼98座，与城楼、角楼等相配合，组成密集的高点火力。

a

图8-7 城墙垛口（覃力 摄）

城墙的垛口古时称雉堞，是城墙顶端修建的一种掩体，各地城墙的垛口形式不尽相同，各具特色。辽宁兴城城墙垛口（图a）、山东曲阜明代城墙垛口（图b）、山西平遥城墙的垛口（图c）均建于明代，但却造型相差很远。

b

c

图8-8 陕西西安西南城楼马道（张振光 摄）/上图

马道也叫盘道，是守城兵士马匹上下城的通道。西安城的登城马道共有10处。马道的护门均涂成红色，俗称“大红门”，平时关闭，守护森严，禁止闲人登城。

图8-9 湖北荆州古城北大门藏兵洞（程里尧 提供）/下图

荆州古城的城门均建有瓮城，北大门的瓮城中还建有藏兵洞。藏兵洞为两层，战时洞中的士兵可突袭入侵城内之敌。

a

b

图8-10 湖北荆州古城寅宾门瓮城及安澜门瓮城

（程里尧 提供）

荆州古城的瓮城多呈方形，供出入的门洞设于一侧，使路径迂回，利于防守。寅宾门（正东门）和安澜门（正西门）的瓮城保存较为完整，是研究城池防御工事的重要实物。

中国古代主要都城简表

朝代	都城名称	建都年代	今地
夏	阳城	公元前20世纪	河南登封东
商	殷	公元前16世纪	河南安阳西
西周	丰、镐	公元前11世纪	陕西西安西
东周	雒邑	前770—前256年	河南洛阳
战国・齐	临淄	前403—前221年	山东淄博东
战国・楚	郢	前403—前278年	湖北江陵北
战国・燕	蓟	前403—前226年	北京市西南
战国・韩	阳翟	前403—前375年	河南禹县
战国・赵	邯郸	前386—前228年	河北邯郸
战国・魏	大梁	前365—前225年	河南开封
战国・秦	栎阳	前383—前350年	陕西临潼
秦	咸阳	前221—前207年	陕西咸阳
西汉	长安	前200—公元8年	陕西西安西北
新莽	长安	9—23年	陕西西安西北
东汉	雒阳	25—190年	河南洛阳
三国・曹魏	洛阳	220—265年	河南洛阳
三国・蜀汉	成都	221—263年	四川成都
三国・孙吴	建业	229—280年	江苏南京
西晋	洛阳	265—312年	河南洛阳
十六国・汉国	平阳	309—318年	山西临汾西南
十六国・成汉	成都	304—347年	四川成都
十六国・前赵	长安	319—328年	陕西西安西北
十六国・后赵	襄国	319—334年	河北邢台
十六国・前凉	姑臧	346—376年	甘肃武威
十六国・前燕	龙城	341—350年	辽宁朝阳
十六国・前秦	长安	351—385年	陕西西安西北
十六国・后秦	长安	386—417年	陕西西安西北
十六国・后燕	中山	386—387年	河北定县
十六国・西秦	金城	388—395年	甘肃兰州西

朝代	都城名称	建都年代	今地
十六国·后凉	姑臧	385—403年	甘肃武威
十六国·南凉	乐都	402—414年	青海乐都
十六国·南燕	广固	400—410年	山东益都西南
十六国·西凉	酒泉	405—420年	甘肃酒泉
十六国·北燕	龙城	409—436年	辽宁朝阳
十六国·北凉	姑臧	412—439年	甘肃武威
十六国·夏国	统万	413—427年	陕西靖边北
东晋	建康	317—420年	江苏南京
南北朝·宋	建康	420—479年	江苏南京
南北朝·齐	建康	479—502年	江苏南京
南北朝·梁	建康	502—557年	江苏南京
南北朝·陈	建康	557—589年	江苏南京
南北朝·北魏	洛阳	493—534年	河南洛阳
南北朝·东魏	邺	534—550年	河北临漳
南北朝·西魏	长安	534—556年	陕西西安西北
南北朝·北齐	邺	550—577年	河北临漳
南北朝·北周	长安	557—581年	陕西西安西北
隋	大兴	582—604年	陕西西安
唐	长安	618—903年	陕西西安
五代·后梁	大梁	909—923年	河南开封
五代·后唐	洛阳	923—936年	河南洛阳
五代·后晋	大梁	938—946年	河南开封
五代·后汉	大梁	947—950年	河南开封
五代·后周	大梁	951—959年	河南开封
十国·吴	江都	907—937年	江苏扬州
十国·南唐	金陵	937—975年	江苏南京
十国·吴越	西府	907—977年	浙江杭州
十国·楚国	长沙	907—951年	湖南长沙
十国·闽国	长乐	907—946年	福建福州

朝代	都城名称	建都年代	今地
十国·南汉	兴王府	907—971年	广东广州
十国·前蜀	成都	907—925年	四川成都
十国·后蜀	成都	934—965年	四川成都
十国·荆南	荆州	907—963年	湖北江陵
十国·北汉	太原	951—979年	山西太原
北宋	汴梁	960—1127年	河南开封
南宋	临安	1138—1276年	浙江杭州
辽	临潢府	918—1119年	内蒙古巴林左旗
西夏	兴庆府	1033—1227年	宁夏银川
金	大兴	1152—1214年	北京市
元	大都	1267—1368年	北京市
明	应天府	1366—1420年	江苏南京
明	顺天府	1420—1644年	北京市
清	顺天府	1644—1911年	北京市